文系のための
コミュニケーション数学

三道弘明／小出　武 著

大学教育出版

序文

　中学校あるいは高等学校で数学嫌いになってしまった人の数が年々増えてきています．数学嫌いになった原因は様々でしょう．計算が苦手で数学嫌いになった人もいれば，記号が嫌で数学嫌いになった人もいるでしょう．難解なパズルを解くようなところが嫌いで，数学嫌いになった人もいるでしょう．

　本書では，そういった人たちのために，考え方を大きく変えて，これまでの数学とは異なった発想の数学を目指しています．これまでの数学とは異なった数学とは，数学を

　難解なパズルを解くための道具ではなく，コミュニケーションの手段として使う一種の言語

として捉え，数式や記号が伝えようとしている情報を正しく読み取ることに，主眼を置いています．数値の計算や数式の計算は重要視していません．

　この言語をある程度理解しておけば，通常の言葉で説明するよりも，もっと，もっと多くの情報を一瞬にして相手に伝えることができます．この言語さえ理解しておけば，違う国の相手とのコミュニケーションも簡単になります．紙に書いて何かを伝えようとするときも，その書くべき量が少なくて済むので，必要な紙も少なくなり，資源の無駄遣いにもなりません．

　また，その伝えようとする内容も，パズルような問題の解き方や答，あるいは数学的知識ではなく，経営や経済の内容であったり，管理の内容であったりする方が，お互いに役に立ちます．本書では，このように伝える内容を重視し，細かい計算などは重視していません．本書では，これをコミュニケーション数学と呼び，コミュニケーションの一手段として，コミュニケーション言語として数学を理解することを目指しています．

　このため，本書には，定理なるものは一切ありません．また，本書では数学的，論理的に説明するよりも，できる限り例題を多く取り入れ，いく

つかの例題を通して，法則がつかめるよう配慮しています．換言すれば，演繹よりも帰納を重視しています．背景の論理が少しくらい分からなくても，コミュニケーションはできるようになると考えるからです．最後に，本書の出版にあたり多大なるご支援を戴いた，大学教育出版の佐藤守氏に感謝致します．

2006年2月

著者記す

目 次

第1章 数学によるコミュニケーション　1
　1.1 数式による情報伝達 1
　1.2 パラメータ 3
　1.3 添え字 6
　1.4 コミュニケーション数学 7
　1.5 本書の構成と内容 8

第2章 数列と級数　9
　2.1 数列 9
　2.2 等差数列 11
　2.3 等差数列の和 12
　2.4 指数法則 14
　2.5 等比数列 15
　2.6 等比数列の和 17
　2.7 和の記号 18
　2.8 ポイント 21
　2.9 演習問題 22

第3章 等比数列の応用　25
　3.1 単利と複利 25
　3.2 価値の大きさ 28
　3.3 現価と終価 29
　3.4 年価 32
　3.5 正味現価, 正味終価, 正味年価 38
　3.6 ポイント 42
　3.7 演習問題 44

第4章 データの分析　　　　　　　　　　　　　　　　　　　47
- 4.1 データの和 47
- 4.2 平均と分散 47
- 4.3 正規分布 51
  - 4.3.1 正規分布の性質 51
  - 4.3.2 正規分布の変換と偏差値 54
- 4.4 ポイント 56
- 4.5 演習問題 56

第5章 行　列　　　　　　　　　　　　　　　　　　　　59
- 5.1 ベクトル 59
- 5.2 行列 62
  - 5.2.1 行列とは 62
  - 5.2.2 正方行列と転置行列 66
- 5.3 行列の和と積 68
  - 5.3.1 等しい 68
  - 5.3.2 行列の和 69
  - 5.3.3 行列のスカラー倍 71
  - 5.3.4 行列の積 72
- 5.4 行列の演算 79
  - 5.4.1 行列の演算 79
  - 5.4.2 単位行列 79
- 5.5 連立方程式と基本操作 81
  - 5.5.1 連立方程式 81
  - 5.5.2 基本操作 82
- 5.6 逆行列 83
  - 5.6.1 逆行列 83
  - 5.6.2 掃き出し法 83
- 5.7 ポイント 93
- 5.8 演習問題 96

第6章 行列の応用　　　　　　　　　　　　　　　　　　99
- 6.1 各種集計 99

6.2	連立方程式	103
6.3	線型モデル	106
	6.3.1 モデル1	106
	6.3.2 モデル2	108
	6.3.3 連立方程式とモデル2	111
6.4	投入産出分析	112
	6.4.1 産業連関表	112
	6.4.2 最終需要量	113
6.5	ポイント	116
6.6	演習問題	118

第7章 極 限 — 123

7.1	極限値	123
7.2	特別な場合	125
	7.2.1 左右から近づける場合	125
	7.2.2 x を無限大にする場合	126
	7.2.3 発散	127
	7.2.4 基本事項	128
7.3	極限値の性質	130
7.4	連続	133
7.5	ポイント	134
7.6	演習問題	135

第8章 微 分 — 137

8.1	何のために	137
8.2	関数の形	138
8.3	2点を通る直線	139
8.4	微分の定義	141
8.5	微分の使い道	143
8.6	種々の関数の微分	145
	8.6.1 $y = x^3$ の微分	145
	8.6.2 $y = x^n$ の微分	145
	8.6.3 関数の和の微分	146

        8.6.4　関数の積の微分 147
        8.6.5　合成関数の微分 148
        8.6.6　分数関数の微分 150
　 8.7　微分係数の符号 152
　 8.8　2階微分 153
　 8.9　極大，極小の十分条件 154
　 8.10　定数 e 156
　 8.11　偏微分 159
        8.11.1　偏微分の考え方 159
        8.11.2　$\frac{\partial f(x_1, x_2)}{\partial x_1} = 0$ の意味 161
        8.11.3　鞍点 166
　 8.12　ポイント 168
　 8.13　演習問題 169

第9章 微分の応用　　171

　 9.1　在庫管理の問題 171
        9.1.1　在庫管理 171
        9.1.2　発注量 172
        9.1.3　在庫管理費用 173
        9.1.4　最適発注量 174
　 9.2　供給量と価格 175
        9.2.1　供給量と価格の関係 175
        9.2.2　最適供給量 177
　 9.3　価格と需要量 178
　 9.4　正規分布のモード 180
　 9.5　小売り業における山積み商品 181
　 9.6　ポイント 183
　 9.7　演習問題 183

第10章 演習問題解答　　185

参考文献 205

索　引 207

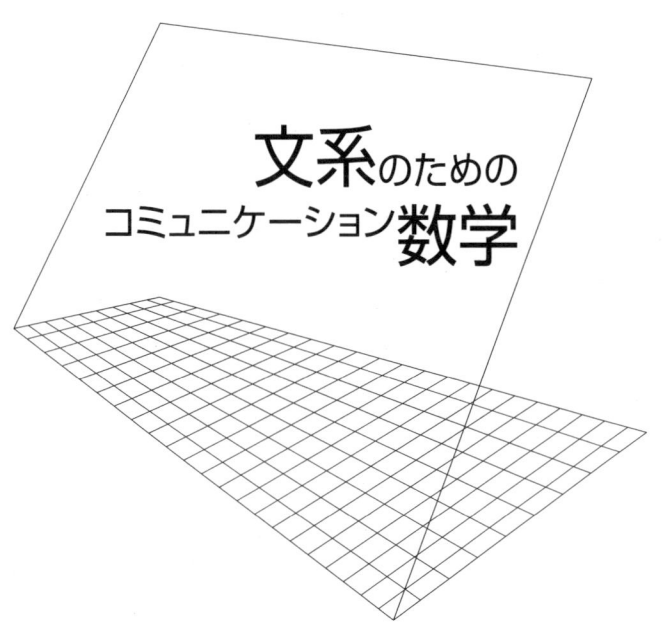

第1章 数学によるコミュニケーション

1.1 数式による情報伝達

　数学と一口に言っても，いろいろな数学があります．純粋数学，応用数学など様々です．純粋数学が数学的な体系を重視しつつ，真理を追究する学問とすれば，応用数学は何かに応用することを念頭に置いて，体系を整備する学問，もしくは真理を追究する学問，またそれを使って現実の問題を解くための学問と言えるでしょう．

　数学の役割はそれだけはないと思います．例えば，

$$y = 0.5x + 2 \tag{1.1}$$

と書いたとき，人はこの式を通してどんな情報を伝えようとしているのでしょうか．図1.1にそのグラフを示します．

　図1.1に示したグラフが，式(1.1)の持っている情報を表しています．つまり，式(1.1)は，少なくとも

(1) 直線である．

(2) 傾きは0.5である．

(3) 切片は2である．

の3つの情報を伝えています．文章で書いたり，図で表現したりするとかなりの量になる情報を，わずか1つの式で表すことができます．

　また，中学校までの数学であれば，上の(1)，(2)，(3)の情報で終わりですが，本書でもう少しだけ詳しく数学を学習すれば，次のことも分かりま

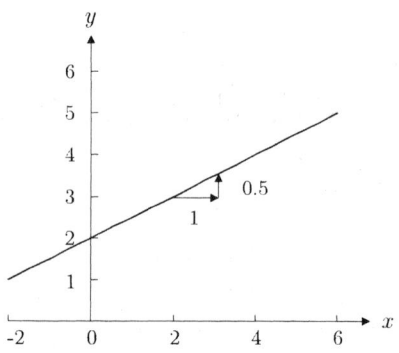

図 1.1: $y = 0.5x + 2$ の直線

す．式 (1.1) には変数 x の値の範囲（これを定義域といいます）が明記されていないので，その定義域は $(-\infty, +\infty)^1$ であると考えられます．x の定義域が $(-\infty, +\infty)$ であるなら，つまり x の値をどれだけ大きくしても，どれだけ小さくしても構わないのであれば，y の値の範囲（これを値域といいます）も $(-\infty, +\infty)$ になります．このことを考えると，式 (1.1) が伝えようとしている情報は，上に書いた (1), (2), (3) だけではなく，

(4) 直線は x に関しても，y に関しても，$-\infty$ から ∞ にまで続いている

ことも分かります．これも本書で学習しますが

(5) 直線は連続である

ことも分かります．

このように，たった 1 つの式 (1.1) を書いただけで，上の (1), (2), (3)，あるいはさらに (4), (5) もの情報を伝えることができるのです．これらす

---

[1] ∞ は**無限大**といって，どんな実数よりも大きな数です．また，$-\infty$ はどんな実数よりも小さな数です．

べての情報を文章で表現するとなると，かなりの量を書かなければならない，あるいは喋らなければなりません．この意味で，**数式は，かなり効率的な情報伝達手段である**ことが分かります．

伝達できる情報は，直線の傾きや切片などのように**数学的な情報だけとは限りません**．コンビニエンスストアでの売り場面積と売上高の関係であったり，ある商品の価格と需要量の関係であったり，化学実験での圧力と反応速度の関係なども伝えることができます．

例えば，ある商品 A の需要量を y，価格を x とし，この x, y が

$$y = -5x + 100$$

で与えられるとしましょう．このとき，最も伝えたいのは，価格と需要量の関係が

- 直線
- 傾きは -5
- 切片は 100

ということよりも，値段が高ければそれを買おうとする人が減り，値段が安ければそれを買おうとする人が増える傾向にあるということです．まず最初にこのことを伝えておいて，次に価格と需要量の関係が上の3つの特徴をもっていることを伝えようとしています．この例は，**数式が伝えようとする情報の優先順位は，数式を使う分野，あるいはその使い方によって変わりうる**ということを示唆しています．

1.2 パラメータ

パラメータという用語は専門語です．ある分野ではパラメタという読み方をします．米語の発音はパラメタに近いでしょうね．しかし，本書ではパラメータと呼ぶことにします．この用語の意味は，それほど難しくありま

せん．中学校，高等学校でも無意識のうちに，この考え方を使ってきています．

式 (1.1) を少し変えて

$$y = ax + b \tag{1.2}$$

と書いてみましょう．**1.1** と同様の解釈をすれば，少なくとも

(1) 直線である．

(2) 傾きは a である．

(3) 切片は b である．

の3つのことを伝えることができます．では，式 (1.1) と式 (1.2) とでは何が違うのでしょう？

式 (1.1) は，図 1.1 に示した直線であり，直線が x 軸や y 軸と交わる位置や直線の傾きは，図 1.1 示した直線以外の何ものでもありません．しかし，式 (1.2) は必ずしも図 1.1 に示したような直線になるとは限りません．なぜなら，式 (1.2) にはパラメータ a, b が含まれているからです．a, b の値をそれぞれ 0.5, 2 にすると，式 (1.2) の直線は式 (1.1) の直線になります．しかし，a, b の値を，どちらか一方でも違った値にすると，式 (1.2) の直線は式 (1.1) のそれとは違うものになります．a, b は，自分の目的に合わせて好きな値にすることができます．

つまり，パラメータとは，その値が決まると，数式で表現された関数（やその形状）などが一意に定まるものです．三角形の面積，2次方程式の解の公式，正弦定理，余弦定理など，いわゆる数学公式と呼ばれるものは，このパラメータを用いて表現されています．

ある商品 A の需要量を y，価格を x とし，この x, y が

$$y = -5x + 100$$

で与えられるとし，別の商品 B の場合には

$$y = -10x + 300$$

1.2 パラメータ

で与えられるとします．商品 C, D, $\cdots$ においても，価格を x としたときの需要量 y が同じように直線で与えられるのであれば，こうした商品の価格と需要量の関係を，より一般的に

$$y = ax + b \tag{1.3}$$

と書き，商品 A の場合 $a = -5$, $b = 100$, 商品 B なら $a = -10$, $b = 300$ と伝えた方が効率的ですね．これがパラメータの考え方です．

これに対して x や y のことを**変数**といいます．変数は，その値が時間のように自動的に変化したり，あるいはその値を，我々が直接的に，あるいは間接的に変化させることを意識しています．

上に挙げた商品の価格と需要量の関係を使って説明します．我々が商品を売る立場であれば，価格をいくらに設定すればどれだけ売れるかについて関心があるでしょう．価格 x の値は，我々が直接変更することができます．そして，その結果として，間接的に需要量 y の値も変化します．これが変数の考え方です．

重要なのは，

- 式が (1.3) のように，パラメータを含んだ形で数式が書かれたとき，その式のパラメータに $a = -5$, $b = 100$ のように自由に値を代入することができること，

- そして代入した結果が，例えば商品 A の価格と需要量の関係を表していることなどを読み取れること，

- また，$y = -5x + 100$ ように，パラメータを含んでいない数式が与えられたとき，それを一般化して，式 (1.3) のようにパラメータを含んだ一般式に直せることです．

1.3 添え字

$a_1, a_2, \cdots$ や $x_1, x_2, \cdots$ のような書き方を見たことはありますね．このような書き方が原因で数学嫌いなった人も少なくないようです．でも，ここでもう一度考えてみましょう．

記号を用いていくつかの値を表そうとするとき，$a, b, c, \cdots$ のように書いても数学的には何ら問題はありません．しかし，記号を用いて表現したいものが 1000 個あるとすれば，どうしますか？アルファベットは小文字だけで 26 個しかありません．大文字，小文字の両方を使ったとしても全部で 52 文字です．$a_1, a_2, \cdots, a_{1000}$ のように書けば，使ったアルファベットは a の 1 つだけです．さらに，24 番目の記号が何かは，単に a_{24} と書くだけで分かります．つまり，a_i は単に i 番目の値を表す記号なのです．

このように，a の右下に小さく書いた数や記号を**添字**と呼びます．そしてこの添字には数式を使っても構いません．a_{i+5} と書くと，$i = 1, 2, 3, \cdots$ に対して，a_{i+5} は $a_6, a_7, a_8, \cdots$ を意味することになります．添字に数式を使うので数学嫌いになった人も少なくないようなので，練習をしておきましょう．要するに慣れだけの問題です．

例題 1.1 $i = 5, 6, 7, \cdots$ のとき，a_{i-3} が意味するものを書け．

[解説]

$$a_2, a_3, a_4, \cdots,$$

である．(^-^)

例題 1.2 $i = 1, 2, \cdots, n$ のとき，a_{n-i} が意味するものを書け．

[解説]

$$a_{n-1}, a_{n-2}, \cdots, a_1, a_0$$

である．(^-^)v

> **例題 1.3** $i = 1, 2, \cdots, n$ のとき，a_{n-i+1} が意味するものを書け．
>
> [解説]
>
> $$a_n, a_{n-1}, \cdots, a_2, a_1$$
>
> である．\(*^^*)/

なお，使用するアルファベット記号は，必ずしも a である必要はなく，b，c や，u, v, w, x, y, z のように自分の気に入った記号を使えばよいのです．また，添え字として必ず i を使わなければならないわけでもなく，a_j，a_k のように，添え字として j でも k でも，自分の好きな記号を使って構いません．ただ，通常は i を使うことが多いので，読者もそうした慣例に従っている方が分かりやすいでしょう．

1.4 コミュニケーション数学

本書の目的は，難解なパズルの解き方を習得するのではなく，計算テクニックを身につけるのでもありません．数式や記号を言語の一種と解釈して，数式が伝えようとしている情報を読みとれるようになることです．人は誰でも計算ミスを犯します．計算の結果が重要であったり，計算が複雑である場合には，今やコンピュータを使って計算すれば済む話です．展開など数式自身の計算がある場合，計算の得意な人にお願いすればよいのです．

重要なのは，数式や記号が伝えようとしている情報を読み取ることです．このような発想の下での，数式や記号の使い方，その背景にある意味を理解しようとする数学を，本書では**コミュニケーション数学**と呼ぶことにします．

コミュニケーション数学を修得するには，特別なセンスは不要であると考えています．ちょっとした反復練習と反復練習のための忍耐力が必要なだけです．つまり慣れだけの問題であると考えています．

1.5 本書の構成と内容

　本書で取り扱う項目は,「数列」,「統計学の入門」,「行列」,「極限」そして「微分」です．ただし,これらの各項目を学習した後,必ずその応用について説明しており[2],その応用分野は経営学,経営科学,経済学,商学など多岐にわたっています．また応用といっても,それぞれの分野での入門的知識にとどめていますので,決して難しくはないと考えています．むしろ,他の専門科目の予備知識が身につくと同時に,そうした専門科目への関心が深まるものと期待しています．

---

　[2]「極限」については,微分の学習に必要という意味で導入しており,「極限」そのものの応用は紹介していません．

第2章 数列と級数

2.1 数列

数列とは，いくつかの数の並びです．数がいくつか並んでいさえすれば，それが数列です．何の法則もなく，まったくでたらめに並んでいるような場合でも数列と呼びますが，ここではそのような数列は扱わないことにします．

ここでは，その並び方に何らかの法則が存在するものだけを取り扱います．例えば

$$15, 20, 25, 30, 35, 40, \cdots$$

は15から始まり，5ずつ大きくなっている数列です．また

$$4, 40, 400, 4000, \cdots$$

は4から始まり，次に4の10倍の数，さらにその10倍の数というように，前の値に10をかけたものがその次の値になっています．

数学記号が原因で数学嫌いになってしまった人が多いかも知れませんが，やはり記号を使って説明しましょう．数列は一般に

$$a_1, a_2, a_3, \cdots, a_n, \cdots \tag{2.1}$$

のように書きます．そして，アルファベット記号 a の右下に示してある数字や記号を**添字**と呼ぶことについては第1章で説明しました．以下では，数列に含まれている一つひとつの数を**項**と呼ぶことにします．そして，最初の項を**初項**と呼び，数列の最後の項を**末項**と呼びます．また，第 n 番目の項を第 n 項と呼びます．例えば，a_5 は第5項です．

式 (2.1) のような数学記号を使うと，2種類の数列を次のように表現することができます．

100 個からなる1つ目の数列を

$$a_1, a_2, \cdots, a_{100}$$

と書き，50個からなるもう1つの数列を

$$b_1, b_2 \cdots, b_{50}$$

と書けばよいのです．

例題 2.1 3種類の数列を作れ．ただし，1つ目の数列は40項からなり，2つ目は30項，そして3つ目は50項からなるものとする．

[解説]
1つ目の数列に対して記号 a を用いると，

$$a_1, a_2, \cdots, a_{40}$$

と書けばよく，2つ目の数列に記号 b，3つ目の数列に記号 c を使うとすると

$$b_1, b_2, \cdots, b_{30}$$

$$c_1, c_2, \cdots, c_{50}$$

と書けばよい． (ˆ_ˆ)

本章では，このような数列について解説し，数列の和（これを**級数**と呼びます）についても触れます．なお，数列

$$a_1, a_2, \cdots, a_n$$

の和，つまり

$$a_1 + a_2 + \cdots + a_n$$

2.2 等差数列

を表すのに,
$$\sum_{i=1}^{n} a_i$$
のような記号を用いますが, この記号については, また後で説明します.

2.2 等差数列

数列の中で最もやさしいものが, **等差数列**です. 例えば,
$$15, 20, 25, 30, 35, 40, \cdots$$
は等差数列です. この例では
$$a_2 - a_1 = a_3 - a_2 = a_4 - a_3 = \cdots = 5$$
となっています. このように, 隣接する項の差が一定の同じ値をとっている場合, その数列を**等差数列**と呼びます.

一般に等差数列とは, d を定数としたとき, 第 n 番目の項が
$$a_n = a + (n-1)d \tag{2.2}$$
のように表される数列です. 例えば, 最初の項 a_1 であれば, 式 (2.2) に $n=1$ を代入し $a_1 = a$ であり, 2 番目の項 a_2 なら式 (2.2) に $n=2$ を代入し $a_2 = a + d$ です. なお, d を**公差**といいます.

例題 2.2 等差数列 $5, 10, 15, 20, \cdots$ の公差を求めよ.

[解説]
公差は $d = a_2 - a_1 = 10 - 5 = 5$ である. (^_^)v

例題 2.3 等差数列 $10, 13, 16, \cdots$ の第 30 項を求めよ.

[解説]
公差を求めると $d = 13 - 10 = 3$ であるから, 第 30 項は
$$a_{30} = 10 + (30-1) \times 3 = 97$$
である. (^_^)v

> **例題 2.4** 初項 $a = 10$, 公差 $d = 5$ であるような等差数列の第 n 項を求めよ.
>
> [解説]
> 　第 n 項は
> $$a_n = 10 + 5(n-1) = 5n + 5$$
> である.　　(^-^)V

2.3 等差数列の和

等差数列 $a, a+d, a+2d, \cdots, a+(n-1)d$ の和を求めてみましょう.

$$S_n = a + (a+d) + (a+2d) + \cdots + [a+(n-1)d] \tag{2.3}$$

のように, 初項から第 n 項までの和を S_n と書くこととします. このとき

$$\begin{aligned} S_n &= a+ (a+d)+ \cdots + [a+(n-1)d] \\ S_n &= [a+(n-1)d]+ [a+(n-2)d]+ \cdots + a \end{aligned}$$

のように書いて, 左辺, 右辺の各項を縦に加えてみましょう. すると

$$\begin{aligned} 2S_n &= [2a+(n-1)d] + [2a+(n-1)d] + \cdots + [2a+(n-1)d] \\ &= n[2a+(n-1)d] \end{aligned}$$

が得られます. よって, 次式が成立します.

$$S_n = \frac{n[2a+(n-1)d]}{2} \tag{2.4}$$

また, $a_1 = a$ であり, 末項つまり第 n 項は $a_n = a+(n-1)d$ であることから, 式 (2.4) は

$$S_n = \frac{n(a_1 + a_n)}{2} \tag{2.5}$$

のようにも書くことができます. これは, 公差が分からなくても, 項の数 n と, あと初項, 末項が分かれば, 等差数列の和を求められるということを意味していています.

2.3 等差数列の和

例題 2.5 等差数列 $5, 10, 15, 20, \cdots$ の第 10 項までの和を求めよ.

[解説]
初項が 5, 公差も 5 の等差数列であるので, 第 10 項までの和は

$$S_{10} = \frac{10 \times [2 \times 5 + (10-1) \times 5]}{2} = 275$$

となる. (^_^)

例題 2.6 初項 10, 末項 100 で, 項の数が 10 の等差数列の和を求めよ. また, 公差 d を求めよ.

[解説]
この等差数列の和は, 公式 (2.5) を用いると

$$S_{10} = \frac{10 \times (10+100)}{2} = 550$$

となる. また, 初項が $a_1 = a = 10$, 第 10 項が $a_{10} = 100$ であるので

$$a_{10} = a + (n-1)d = 10 + 9 \times d = 100$$

なる関係が成り立つ. これを d について解くと, $d = 10$ となり, 公差は 10 であることが分かる. (*_*)

例題 2.7 初項 $a = 10$, 公差 $d = 5$ であるような等差数列の第 n 項までの和を求めよ.

[解説]
第 n 項までの和は

$$S_n = \frac{n \times [2 \times 10 + (n-1) \times 5]}{2} = \frac{5n(n+3)}{2}$$

である. (^_^)v

2.4 指数法則

等比数列に入る前に，**指数法則**について説明しておきましょう．

定数 a を n 回かけ合わせたもの，つまり $a \times a \times \cdots \times a$ を a の n 乗といい，a^n と書きます．また，$a^1, a^2, a^3, \cdots$ をまとめて a の**累乗**あるいは**べき乗**と呼び，a の右肩に書いた数を**指数**といいます．

指数法則をまとめると次のようになります．

[**指数法則**]

$a \neq 0$, $b \neq 0$ とし，m, n を正の整数とする．このとき，次のような法則が成り立つ．

(1) $a^m \times a^n = a^{m+n}$

(2) $\dfrac{a^m}{a^n} = a^{m-n}$

(3) $(a^m)^n = a^{mn}$

(4) $(ab)^n = a^n b^n$

(5) $\left(\dfrac{a}{b}\right)^n = \dfrac{a^n}{b^n}$

上の指数法則から，次のような性質を導くことができます．

[**指数法則から導かれる性質**]

$a \neq 0$ とし，m, n を正の整数とする．このとき，次のような関係が成り立つ．

(1) $a^0 = 1$

(2) $a^{-n} = \dfrac{1}{a^n}$

(3) $a^{\frac{1}{n}} = \sqrt[n]{a}$

(4) $\left(a^{\frac{1}{n}}\right)^m = \sqrt[n]{a^m}$

2.5 等比数列

例題 2.8 次の計算をしなさい.

(1) $a^5 \times a^{10}$

(2) $\dfrac{a^{10}}{a^5}$

(3) $b^5 \times b^{-5}$

(4) $b^{\frac{1}{2}} \times b^{\frac{3}{2}}$

(5) $\left(c^2 d\right)^3$

[解説]

(1) $a^5 \times a^{10} = a^{15}$

(2) $\dfrac{a^{10}}{a^5} = a^5$

(3) $b^5 \times b^{-5} = b^0 = 1$

(4) $b^{\frac{1}{2}} \times b^{\frac{3}{2}} = b^2$

(5) $\left(c^2 d\right)^3 = c^6 d^3$ 　　(^_^)

2.5 等比数列

数列の中で, 等差数列の次に易しいのが等比数列でしょう. 例えば

$$1,\ 5,\ 25,\ 125, \cdots$$

は等比数列です.

　等比数列はやさしいですが, その実用性は高く, 第3章で説明するように, 金利計算などに用いられています. 上に示した例では

$$\frac{a_2}{a_1} = \frac{a_3}{a_2} = \frac{a_4}{a_3} = \cdots = 5$$

となっています. このように, 数列の隣接する項の比が一定の同じ値をとるとき, その数列を**等比数列**といいます.

等比数列とは，一般に第 n 番目の項が

$$a_n = ar^{n-1} \tag{2.6}$$

で与えられる数列です．a を初項，r を**公比**といいます．

例えば，最初の項 a_1 であれば，式 (2.6) に $n=1$ を代入し $a_1 = ar^0 = a$ となります[1]．2 番目の項 a_2 なら，式 (2.6) に $n=2$ を代入し $a_2 = ar$ です．なお，$r=1$ の場合，等比数列は

$$a, a, \cdots, a$$

のように，同じ値が並ぶこととなります．

例題 2.9 等比数列 $1, 2, 4, 8, \cdots$ の公比と第 9 項の値を求めよ．

[解説]
　公比は $r=2$ であり，第 9 項の値は $a_9 = 1 \times 2^8 = 256$ である．(^-^)v

例題 2.10 等比数列 $1, -1, 1, -1, \cdots$ の公比と第 9 項の値を求めよ．

[解説]
　公比は $r=-1$ であり，第 9 項の値は $a_9 = 1 \times (-1)^8 = 1$ である．
(*'_'*)

例題 2.11 初項 $a=5$，公比 $r=2$ であるような等比数列の第 n 項を求めよ．

[解説]
　第 n 項は

$$a_n = 5 \times 2^{n-1}$$

である．(^-^)V

---

[1] $r \neq 0$ のとき，指数法則から導かれる性質より，$r^0 = 1$ となります．

2.6　等比数列の和

数列の和のことを**級数**といいます．特に等比数列の和を**等比級数**と呼び，等比級数の応用は経済，経営の分野にも多数存在します．

等比数列 $a, ar, ar^2, \cdots$ の第 n 項までの和は次のようにして求められます．

(1) $r = 1$ の場合．公比が1である場合，等比数列は $a, a, a, \cdots$ であるので，第 n 項までの和 S_n は

$$S_n = na \tag{2.7}$$

です．

(2) $r \neq 1$ の場合．このとき

$$\begin{aligned} S_n &= a + ar + ar^2 + \cdots + ar^{n-1} \\ rS_n &= ar + ar^2 + \cdots + ar^{n-1} + ar^n \end{aligned}$$

のように書いて，両辺の各項について縦に引き算を行うと

$$(1-r)S_n = a - ar^n = a(1-r^n) \tag{2.8}$$

が得られます．$r \neq 1$ であるので，$1 - r \neq 0$ ですから，両辺を $(1-r)$ で割り算しても構いません．すると

$$S_n = \frac{a(1-r^n)}{1-r} \tag{2.9}$$

が得られます．

以上のように，等比数列の和を求める場合には，公比 r が1であるかないかによって使う公式が異なります．

例題 2.12　等比数列 $1, 2, 4, \cdots$ の第8項までの和を求めよ．

[解説]
　公比は2であるので，式 (2.9) を用いて

$$S_8 = \frac{1 \times (1-2^8)}{1-2} = 255$$

を得る．　\\(σ_σ)/

例題 2.13 等比数列 $1, -1, 1, \cdots$ の第 8 項までの和を求めよ．

[解説]
公比は -1 であるので，式 (2.9) を用いて
$$S_8 = \frac{1 \times [1-(-1)^8]}{1-(-1)} = 0$$
を得る． 　(^-^)v

例題 2.14 初項 $a = 5$，公比 $r = 2$ であるような等比数列の第 n 項までの和を求めよ．

[解説]
第 n 項までの和は
$$S_n = \frac{5 \times (1-2^n)}{1-2} = 5 \times (2^n - 1)$$
である． 　(^-^)V

2.7 和の記号

数学や統計学では，数列やデータの和を表現する際に，前述した**和の記号**をよく用います．すなわち

$$\sum_{i=1}^{n} a_i = a_1 + a_2 + \cdots + a_n \tag{2.10}$$

のような記号です．$\sum$ はギリシャ文字のシグマであり，**サメイション**と呼ぶこともあります．式 (2.10) だけで，$\sum$ の使い方についてのルールを理解するのは少し難しいでしょう．例を挙げます．

$$\sum_{i=1}^{10} a_i$$

と書くと，これは

$$a_1 + a_2 + \cdots + a_{10}$$

2.7 和の記号

を意味します．つまり，a_i の添え字である i の値を，1からスタートし，2, 3, 4, $\cdots$ と1ずつ増加させながら，10まで大きくます．この間，a_i を次々と加えていくのです．

また，a_i の添え字 i は，必ずしも記号 i を使わなければならない訳ではありません．a_j, a_k のように，添え字として j でも k でも，自分の好きな記号を使って構いません．ただ，通常は i を使うことが多いので，読者もそうした慣例に従っている方が分かり易いでしょう．記号 a_i の a も常に a を用いる訳ではありません．x_i や y_i もよく使います．

この $\sum$ は，数学や統計学だけでなく，経済学，経営科学，経営情報学等でも用いられているので，ここで練習して，慣れてしまいましょう．

和の記号 $\sum$ には次のような性質があります．

[$\sum$ の性質]

(1) $k \sum_{i=1}^{n} a_i = ka_1 + ka_2 + \cdots + ka_n$

(2) $\sum_{i=1}^{n} (a_i + b_i) = \sum_{i=1}^{n} a_i + \sum_{i=1}^{n} b_i$

(3) $\sum_{i=1}^{n} a_i b_i = a_1 b_1 + a_2 b_2 + \cdots + a_n b_n$

(4) $\sum_{i=1}^{n} a_{n-i+1} = a_n + a_{n-1} + a_{n-2} + \cdots + a_2 + a_1$

なお，性質 (4) に示した a_{n-i+1} のように，添字部分に数式を用いても構いません．また，和の記号 $\sum$ を使う場合，添え字は常に1から始まるとは限りませんし，常に n で終わるとも限りません．次の例題を見てみましょう．

例題 2.15　$a_2 + a_3 + \cdots + a_n$ を $\sum$ を用いて表現せよ．

[解説]
$$a_2 + a_3 + \cdots + a_n = \sum_{i=2}^{n} a_i$$
である．　(^_^;)

例題 2.16　$a_2 + a_3 + \cdots + a_{n-1}$ を $\sum$ を用いて表現せよ．

[解説]
$$a_2 + a_3 + \cdots + a_{n-1} = \sum_{i=2}^{n-1} a_i$$
である．　(^_^)

次の例題は，少しパズル的な要素を含みますが，もう少し練習しましょう．

例題 2.17　$a_1^2 + a_2^2 + \cdots + a_n^2$ を $\sum$ を用いて表現せよ．

[解説]
　上の性質 (3) で $b_i = a_i$ とおくことにより
$$a_1^2 + a_2^2 + \cdots + a_n^2 = \sum_{i=1}^{n} a_i^2$$
である．なお
$$\left(\sum_{i=1}^{n} a_i\right)^2 = (a_1 + a_2 + \cdots + a_n)^2$$
であり，$a_1^2 + a_2^2 + \cdots + a_n^2$ とは異なることに注意を要する．　(^_^)

例題 2.18 $a_1 b_n + a_2 b_{n-1} + \cdots + a_{n-1} b_2 + a_n b_1$ を $\sum$ を用いて表現せよ.

[解説]
上の性質 (4) に示したように, b_i の添字に対して数式を用いると
$$a_1 b_n + a_2 b_{n-1} + \cdots + a_{n-1} b_2 + a_n b_1 = \sum_{i=1}^{n} a_i b_{n-i+1}$$
が得られる. (^_^)

[注意]
数列
$$a_5, a_4, \cdots, a_1$$
の和を
$$\sum_{i=5}^{1} a_i$$
のように書くことはできません. i の値を 1 ずつ<u>増加</u>させていないからです. これは, 頭の中で $a_1, a_2, \cdots, a_5$ の順に並べ直して, $\sum_{i=1}^{5} a_i$ と書かなければなりません. ただし, $\sum_{i=1}^{5} a_{6-i}$ のように書くことはできます. (-_-;)

2.8 ポイント

ポイント 2.1 等差数列の第 n 項
$$a_n = a + (n-1)d$$

ポイント 2.2 等比数列の第 n 項
$$a_n = ar^{n-1}$$

> **ポイント 2.3** 等差数列の第 n 項までの和
> $$S_n = \frac{n[2a + (n-1)d]}{2} = \frac{n(a_1 + a_n)}{2}$$

> **ポイント 2.4** 等比数列の第 n 項までの和
>
> (1)　　$r = 1$ のとき　　$S_n = na$
>
> (2)　　$r \neq 1$ のとき　　$S_n = \dfrac{a(1 - r^n)}{1 - r}$

> **ポイント 2.5** 和の記号
>
> 非負の整数 $m, n(\geq m)$ に対して
> $$\sum_{i=m}^{n} a_i = a_m + a_{m+1} + a_{m+2} + \cdots + a_n$$

2.9 演習問題

演習 2.1　初項が $a = 1$，公差が $d = 2$ の等差数列の第 8 項を求めよ．また，第 n 項も求めよ．

演習 2.2　初項が $a = 1/2$，公比が $r = 1/2$ の等比数列の第 4 項の値を求めよ．また，第 n 項も求めよ．

演習 2.3　等比数列 $16, 8, 4, 2, \cdots$ の公比と第 6 項の値を求めよ．また，第 n 項も求めよ．

演習 2.4　等差数列 $1, 4, 7, \cdots$ の第 10 項までの和を求めよ．また，第 n 項までの和を求めよ．

演習 2.5 初項 5，末項 95 で，項の数が 10 の等差数列の和を求めよ．また，公差 d を求めよ．

2.9 演習問題

演習 2.6 等比数列 $1, 1/2, 1/4, 1/8, \cdots$ の第 10 項までの和を求めよ．また，第 n 項までの和を求めよ．

演習 2.7 $a_4^3 + a_5^3 + \cdots + a_n^3$ を $\sum$ を用いて表現せよ．

演習 2.8 $a_{100} + a_{99} + \cdots + a_{90}$ を $\sum$ を用いて表現せよ．

演習 2.9 $a_n + a_{n+1} + \cdots + a_{2n}$ を $\sum$ を用いて表現せよ．

演習 2.10 $(a_1 + a_2 + \cdots + a_n)(b_1 + b_2 + \cdots + b_n)$ を $\sum$ を用いて表現せよ．

演習 2.11 $\sum$ の性質 (1) を証明せよ．

演習 2.12 $\sum$ の性質 (2) を証明せよ．

第3章 等比数列の応用

3.1 単利と複利

単利とか複利という言葉を聞いたことがありますか？これは，銀行などにお金を預金したときにもらえる利息の決定方法を表す言葉です．銀行に100万円を1年間預けたとしましょう（これを**元金**といいます）．このとき，利息が1,000円であるすると，1年間当たり

$$\alpha = \frac{1000}{1000000} = 0.001 = 0.1\%$$

の割合で利息が得られたことになり，この α あるいは $100\alpha\%$ のことを**年利率**といいます．

さて，**単利**の考え方に対しては，「元金に対してのみ利息がつく」というように表現されることが多いようです．例えば，銀行に100万円を5年間預けた場合を考えてみましょう．年利率を $100\alpha\%$ とすると，1年目の利息は

$$元金 \times 年利率$$

により計算され，$1,000,000\alpha$ 円となります．

2年目以降も同様に，毎年 $1,000,000\alpha$ 円の利息をもらえます．したがって，5年間では，合計 $5 \times 1,000,000\alpha$ 円の利息がもらえることになります．5年目の時点で，元金と利息を合計すると，$1,000,000 + 5,000,000\alpha$ 円 $= 1,000,000(1+5\alpha)$ 円になります．このように，元金と利息を合計したものを**元利合計**と呼びます．

単利計算の下では，一般に A_0 を銀行に預金したとき，年利率を $100\alpha\%$ とすると，n 年後の元利合計 A_n は

$$A_n = A_0(1 + n\alpha) = 元金 \times (1 + 年数 \times 年利率) \tag{3.1}$$

になります．このような算出方法で利息の額を決める方法を**単利**といいます．

> **例題 3.1** 年利率 2% の単利計算の下で，銀行に 10,000 円を 10 年間預けたときの元利合計はいくらか．
>
> [解説]
> 　式 (3.1) に，$A_0 = 10000$，$\alpha = 0.02$，$n = 10$ を代入すると
> $$A_{10} = 10000 \times (1 + 10 \times 0.02) = 12000$$
> となり，元利合計は 12,000 円となる．　　(^-^)v

> **例題 3.2** 年利率 100α% の単利計算の下で，銀行に A_0 円を 10 年間預けたときの元利合計はいくらか．
>
> [解説]
> 　式 (3.1) に，$n = 10$ を代入すると
> $$A_{10} = A_0(1 + 10\alpha)$$
> である．　　(^-^)V

　一方，**複利**による利息の計算方法に対しては，「利息が利息を産む」のような表現方法がよく用いられます．銀行に 100 万円を 5 年間預けた場合を考えてみましょう．年利率を 100α% とすると，1 年目には $1,000,000\alpha$ 円の利息が得られます．この時点での元利合計は $1,000,000(1+\alpha)$ 円になります．ここまでは，複利も単利と同じです．

　しかし，複利の場合，2 年目の元利合計は $1,000,000(1+\alpha)^2$ 円になるのです．5 年目の元利合計は，$1,000,000(1+\alpha)^5$ 円になります．

　これは，次のように説明することができます．単利の計算方法の下で，1,000,000 円を銀行預金し，1 年目の元利合計

$$1,000,000(1+\alpha) \text{ 円}$$

3.1 単利と複利

を得ます.この全額を銀行から一旦引き出して,それを再度銀行に預けます.するとさらに1年後には,このときの元金 $1,000,000(1+\alpha)$ 円に対して,年利率 $100\alpha\%$ の利息がつく訳ですから,2年目の利息は

$$1,000,000(1+\alpha) \times \alpha 円 = 1,000,000\alpha + 1,000,000\alpha^2 円$$

になります.このうち,$1,000,000\alpha^2$ 円は1年目に得られた利息に対する2年目の利息を表しており,利息にまた利息がついていることが分かります.これが,「利息が利息を産む」といわれる所以です.2年目の利息にその元金である $1,000,000(1+\alpha)$ 円を加えると,2年目の元利合計は

$$[1,000,000(1+\alpha) + 1,000,000(1+\alpha)\alpha] 円 = 1,000,000(1+\alpha)^2 円$$

となります.またこの全額を銀行から引き出して,そのまま再度銀行に預金するというような手順を繰り返すと,5年後に元利合計は

$$1,000,000(1+\alpha)^5 円$$

になります.つまり,複利計算とは,単利計算の下で毎年元利合計を引き出し,それをそのまま再度預金するという手順を繰り返すことと同じです.

複利計算の下では,一般に A_0 を銀行に預金したとき,年利率を $100\alpha\%$ とすると,1年後の元利合計 A_1 は

$$A_1 = A_0(1+\alpha)$$

であり,2年後の元利合計 A_2 は

$$A_2 = A_1(1+\alpha) = A_0(1+\alpha)^2$$

です.そして,n 年後の元利合計 A_n は

$$\begin{aligned} A_n &= A_{n-1}(1+\alpha) = A_{n-2}(1+\alpha)^2 = \cdots = A_0(1+\alpha)^n \\ &= 元金 \times (1+年利率)^{年数} \end{aligned} \quad (3.2)$$

になります.このような算出方法で利息の額を決める方法を**複利**といいます.

例題 3.3 年利率 2% の複利計算の下で，銀行に 10,000 円を 10 年間預けたときの元利合計はいくらか．ただし，$(1 + 0.02)^{10} = 1.219$ である．

[解説]
式 (3.2) に，$A_0 = 10000$, $\alpha = 0.02$, $n = 10$ を代入すると

$$A_{10} = 10000 \times (1 + 0.02)^{10} = 12190$$

となり，元利合計は 12,190 円となり，例題 3.1 の元利合計より大きいことが分かる．　\(*^*)/

例題 3.4 年利率 30% の複利計算の下で，金融業から 10,000 円を借りた．3 年後に返済するとしたとき，合計いくら返済すればよいか．ただし，$(1 + 0.3)^3 = 2.197$ である．

[解説]
式 (3.2) に，$A_0 = 10000$, $\alpha = 0.3$, $n = 3$ を代入すると

$$A_{10} = 10000 \times (1 + 0.3)^3 = 21970$$

となり，返済すべき合計は 21,970 円であり，借入金額 10,000 円の倍以上になる．(~_~;)

3.2　価値の大きさ

現在の 100 万円と，10 年後の 110 万円では，どちらの価値が大きいでしょうか？ このような問題は，次のようして考えます．

複利での年利率が 3% であるとき，現在の $A_0 = 100$ 万円を銀行に預金すると，1 年後の元利合計 A_1 は

$$A_1 = 100(1 + 0.03) = 103$$

より，103 万円になります．2 年後の元利合計 A_2 は

$$A_2 = A_1(1 + 0.03) = 100(1 + 0.03)^2 = 106.09$$

より，106万円ちょっとです．同様にして10年後には

$$A_{10} = 100(1+0.03)^{10} = 134.39$$

より，134万円強になります．つまり，年利率が3%であるときには，100万円を銀行預金して<u>放っておくだけ</u>で，10年後に134万円強になります．このことから，年利率が3%もあれば，現在の100万円の価値は，10年後の110万円の価値よりも明らかに大きいことになります．

しかし，年利率が0.5%のときにはどうでしょう？100万円を銀行に10年間預けたときの元利合計は

$$A_{10} = 100(1+0.005)^{10} = 105.11$$

であり，105万円強にしかなりません．つまり，年利率が0.5%しかない場合には，現在の100万円の価値は，10年後の110万円の価値よりも小さいことが分かります．

このように，現在の資金の価値と，将来の資金の価値を比較するとき，銀行などの年利率によって結果が大きく左右されます．

一般に複利での年利率が100α%であるとき，現在のA_0円はn年後には

$$A_n = A_0(1+\alpha)^n \tag{3.3}$$

と表すことができます．これは，式(3.2)と同じ式です．ここで，式(3.3)は，初項がA_0，公比が$(1+\alpha)$の等比数列の第$(n+1)$項を表していることに気がつきましたか？

3.3　現価と終価

3.2に見たように，現在の資金と将来の資金を比較する場合，時点を統一して比較しないと正しい判断が困難になります．例えば，式(3.3)より

$$A_0 = A_n \frac{1}{(1+\alpha)^n} \tag{3.4}$$

が得られます．式 (3.4) を用いると，将来 (n 年後) の資金を，それと同じ価値をもつ現在の資金に変換することが可能となります．この式を用いれば，将来の資金と現在の資金とでは，どちらの価値が大きいかを比較することができます．

このように，将来の資金を，それと同じ価値をもつ現在の資金に変換したものを**現価**といい，記号 P で表します．また，変換の際に用いられる係数 $1/(1+\alpha)^n$ を**現価係数**と呼び，$[S \to P]_n^\alpha$ のような記号を用いて表します．つまり

$$[S \to P]_n^\alpha = \frac{1}{(1+\alpha)^n} = (1+\alpha)^{-n} \tag{3.5}$$

です．

式 (3.4) を現価係数を用いて書き直すと

$$A_0 = A_n [S \to P]_n^\alpha$$

のようになります．

なお現価係数は，その都度式 (3.5) を用いて算することができますが，付録の表 1 に主な n，α に対する現価係数をまとめておきますので，それを利用して下さい．

次に，現在の資金を，それと同じ価値をもつ将来の資金に変換することを考えてみましょう．

式 (3.3) は現在の資金 A_0 を，それと同じ価値をもつ n 年後の資金に変換しています．したがって，式 (3.3) を用いれば，現在の資金を，それと同じ価値をもつ n 年後の資金に変換できます．このようにして，n 年後の時点に変換した資金を**終価**と呼び，記号 S を用いて表します．また，現価を終価に変換するための係数 $(1+\alpha)^n$ を**終価係数**と呼び，$[P \to S]_n^\alpha$ のような記号で表します．すなわち

$$[P \to S]_n^\alpha = (1+\alpha)^n \tag{3.6}$$

です．

式 (3.3) を終価係数を用いて書き直すと

$$A_n = A_0 [P \to S]_n^\alpha$$

3.3 現価と終価

となります.

なお終価係数は，その都度式 (3.6) を用いて計算することができますが，付録の表 2 に主な n, α に対する終価係数を示しておきます.

例題 3.5 年利率が 3%, 計画期間が 5 年であるとき，現価 100 万円の終価を求めよ．

[解説]
付録の表 2（終価係数）より，

$$[P \to S]_5^{0.03} = \left((1+0.03)^5 =\right) 1.16$$

であることから，現価 100 万円の終価は，$100 \times 1.16 = 116$ より 116 万円である．　$(*'_'*)$

例題 3.6 年利率が 3%, 計画期間が 5 年であるとき，終価 100 万円の現価を求めよ．

[解説]
付録の表 1（現価係数）より，

$$[S \to P]_5^{0.03} = \left((1+0.03)^{-5} =\right) 0.863$$

であることから，終価 100 万円の現価は，$100 \times 0.863 = 86.3$ より 86 万 3 千円である．　$(*\hat{}\,*)$

年利率，現価，終価の関係には，次のような特徴があります.

> (1) 年利率が大きいと，現在の資金と同じ価値をもつ将来の資金の額はかなり大きい．
>
> (2) 年利率が小さいと，現在の資金と同じ価値をもつ将来の資金の額はそれほど大きくない．
>
> (3) 年利率が大きいと，将来の資金と同じ価値をもつ現在の資金の額はかなり小さい．
>
> (4) 年利率が小さいと，将来の資金と同じ価値をもつ現在の資金の額はそれほど小さくない．

3.4 年価

これまで，資金の価値を評価するための考え方として，現価，終価について説明しました．ここでは，さらに**年価**という概念について説明します．なお，年価は記号 M を用いて表します．年価は，10年後にちょうど100万円にするための毎年の積み立て金や，1,000万円のローンを組んだときの毎年の返済金に対応します．

毎年年末に <u>一定の額を</u> <u>積み立てて</u>，10年後にちょうど1,000万円になるようにしましょう．このとき年利率が $100\alpha\%$ であるとすれば，毎年年末にどれだけの額を積み立てればよいのでしょうか．このような問題は，次のようにして解きます．

現時点を年始として，毎年年末に M 万円ずつ積み立てるとすると，今年の年末に積み立てる M 万円の10年後の終価は

$$M[P \to S]_9^\alpha = M(1+\alpha)^9 \tag{3.7}$$

です．ここで，積み立てが年末であるので，最初の積立金は銀行には9年間預けたことになることに注意しましょう．同様に2年目の年末に積み立てる M 万円は，10年後の時点では8年間銀行に預けたことになるので，この M 万円の10年後の終価は

$$M[P \to S]_8^\alpha = M(1+\alpha)^8 \tag{3.8}$$

3.4. 年価

です．このような計算を毎年の積み立て額に対して行い，その和をとったものが $1,000$ 万円に等しければ，毎年の積立額の価値と 10 年後の $1,000$ 万円の価値が等しいことになります．すなわち，

$$1000 = M(1+\alpha)^9 + M(1+\alpha)^8 + M(1+\alpha)^7 + \cdots + M(1+\alpha)^1 + M \quad (3.9)$$

が成立すれば，10 年後の終価はちょうど $1,000$ 万円になります．

一方，上式の右辺に注目すると，これは初項が $M(1+\alpha)^9$，公比が $(1+\alpha)^{-1}$ の等比級数になっています．あるいは右辺の項を後ろから順に見ていくと，初項が M，公比が $(1+\alpha)$ の等比級数であるとも考えることができます．よって，等比数列の和の公式 (2.9) を用いると，式 (3.9) 右辺は

$$\begin{aligned} M\sum_{i=1}^{10}(1+\alpha)^{i-1} &= M\frac{1-(1+\alpha)^{10}}{1-(1+\alpha)} \\ &= M\frac{(1+\alpha)^{10}-1}{\alpha} \end{aligned} \quad (3.10)$$

となります．ゆえに，毎年の積立額 M は

$$M = 1000\frac{\alpha}{(1+\alpha)^{10}-1} \quad (3.11)$$

のように表されます．

以上を一般化すると

$$M = S\frac{\alpha}{(1+\alpha)^n-1} \quad (3.12)$$

および

$$S = M\frac{(1+\alpha)^n-1}{\alpha} \quad (3.13)$$

となります．これらは終価を年価に，あるいは年価を終価に変換するための式を与えています．変換の際に用いられる係数は，それぞれ，$[S \to M]_n^\alpha$，$[M \to S]_n^\alpha$ のような記号を用いて表します．つまり

$$[S \to M]_n^\alpha = \frac{\alpha}{(1+\alpha)^n-1} \quad (3.14)$$

$$[M \to S]_n^\alpha = \frac{(1+\alpha)^n-1}{\alpha} \quad (3.15)$$

であり，式 (3.14) で与えられる係数を**減債基金係数**，式 (3.15) のそれを**年金終価係数**と呼びます．式 (3.12) および (3.13) を，それぞれ減債基金係数および年金終価係数を用いて書き直すと

$$M = S[S \to M]_n^\alpha$$

$$S = M[M \to S]_n^\alpha$$

のようになります．

なお，付録の表5に主な n，α に対する年金終価係数を示し，表6に減債基金係数をまとめておきます．

次に，現価と年価の関係を求めてみましょう．これは次のように解釈することができます．現在を年始として，現在所持している 1,000 万円を一旦銀行に預け，毎年年末に<u>一定額</u> M 万円を（年金として）受け取ることにすれば，毎年いくら受け取ることができるのかを考えます．

現価と年価の間には

$$P = \frac{M}{1+\alpha} + \frac{M}{(1+\alpha)^2} + \cdots + \frac{M}{(1+\alpha)^{10}} \tag{3.16}$$

なる関係が成り立ちます．ここに，式 (3.16) の右辺は次のようにして導出されます．最初に年金 M を受け取る時期は現在から見て1年後であるので，1年後の年金 M を現価に直すと

$$M[M \to P]_1^\alpha = \frac{M}{1+\alpha}$$

になります．これが右辺第1項です．次に，2回目に年金 M を受け取る時期は現在から見て2年後であるので，2年後の年金 M を現価に直すと

$$M[M \to P]_2^\alpha = \frac{M}{(1+\alpha)^2}$$

となります．これが右辺第2項です．右辺第3項以下，同様に考えます．

式 (3.16) の右辺は，やはり等比級数であり，初項が $M/(1+\alpha)$，公比が $(1+\alpha)^{-1}$ です．よって，等比級数の公式 (2.9) より

$$P = M\frac{1}{1+\alpha}\frac{1-(1+\alpha)^{-10}}{1-(1+\alpha)^{-1}} = M\frac{1-(1+\alpha)^{-10}}{\alpha} \tag{3.17}$$

3.4 年価

が得られます．

式(3.17)を一般化して，計画期間を10年ではなくn年にすると

$$P = M\frac{1-(1+\alpha)^{-n}}{\alpha} \tag{3.18}$$

$$M = P\frac{\alpha}{1-(1+\alpha)^{-n}} \tag{3.19}$$

が得られます．係数$[1-(1+\alpha)^{-n}]/\alpha$を**年金現価係数**と呼び，記号$[M \to P]_n^\alpha$で表します．さらに，係数$\alpha/[1-(1+\alpha)^{-n}]$を**資本回収係数**と呼びます．資本回収係数は$[P \to M]_n^\alpha$なる記号を用います．

式(3.18)，(3.19)をそれぞれ年金現価係数，資本回収係数を用いて書き直すと

$$P = M[M \to P]_n^\alpha$$

$$M = P[P \to M]_n^\alpha$$

のようになります．

なお，付録の表3および表4のそれぞれに，主なnとαに対する資本回収係数と年金現価係数をまとめておきますので，それを利用して下さい．

例題 3.7 年利率が3%，計画期間が5年で100万円を貯めたいとき，毎年年末にいくら積み立てればよいか．ただし，現在が年始であるとする．

[解説]
　これは減債基金係数を用いて終価100万円の年価を求めればよい．付録の表6より，

$$[S \to M]_5^{0.03} = \left(\frac{0.03}{(1+0.03)^5-1} = \right) 0.188$$

であることから，終価100万円の年価は，$100 \times 0.188 = 18.8$を得る．よって，毎年年末に18万8千円を積み立てればよい．　　(^_^)

例題 3.8 年利率が3%,計画期間が5年で現在の借金100万円を返済したい.現在が年始であるとして,毎年年末にいくら支払えばよいか.

[解説]

これは資本回収係数を用いて現価100万円の年価を求めればよい.付録の表3より,

$$[P \to M]_5^{0.03} = \left(\frac{0.03}{1-(1+0.03)^{-5}} = \right) 0.218$$

であることから,現価100万円の年価は,$100 \times 0.218 = 21.8$ を得る.よって,毎年年末に21万8千円を支払うことになる. (ˆ−ˆ)

例題 3.9 現在を年始であるとして,今100万円を投資すると,今後10年間にわたり毎年年末に13万円の報酬が得られる.この投資案は,採択すべきであるかどうか.ただし,年利率は3%である.

[解説]

図3.1に示すように,100万円を年利率3%の銀行に預けた場合の年価と投資案の報酬13万円を比較すればよい.
年利率が3%,計画期間が10年であるとき,付録表3の資本回収係数より

$$[P \to M]_{10}^{0.03} = \left(\frac{0.03}{1-(1+0.03)^{-10}} = \right) 0.117$$

であることから,100万円の年価は,$100 \times 0.117 = 11.7$(万円) となる.一方,投資案の報酬は毎年13万円であり,銀行に預けた場合の年価よりも大きい.よって,投資案を採択すべきである. (ˆ_ˆ)v

図3.2は,現価,年価,終価の関係を表したものです.これら,現価,終価,年価の概念は,会計学,財務管理,保険論,設備投資計画,経済性工学等の分野における基本概念の1つです.なお,図3.3に,各係数と現価,年価,終価の関係を図示しておきます.

年利率と年価の関係には,次のような特徴があります.

3.4 年価

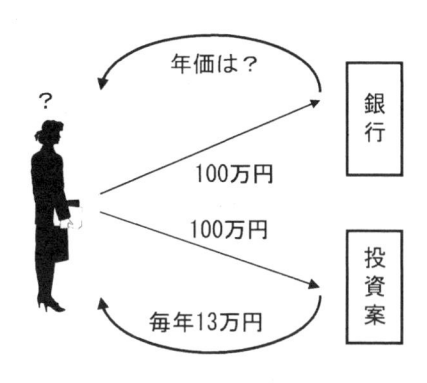

図 3.1: 例題 3.9 の問題

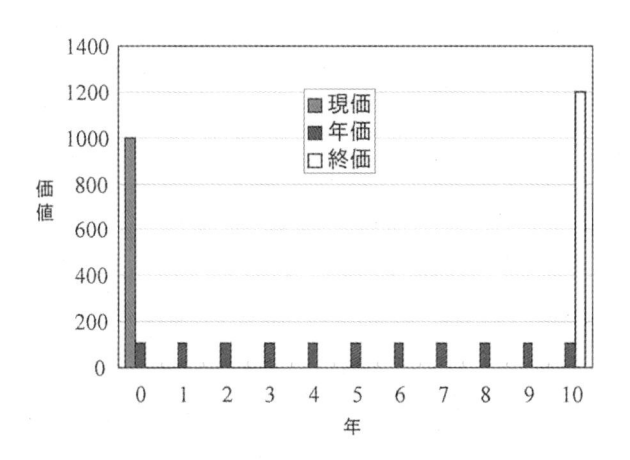

図 3.2: 現価，年価，終価の関係

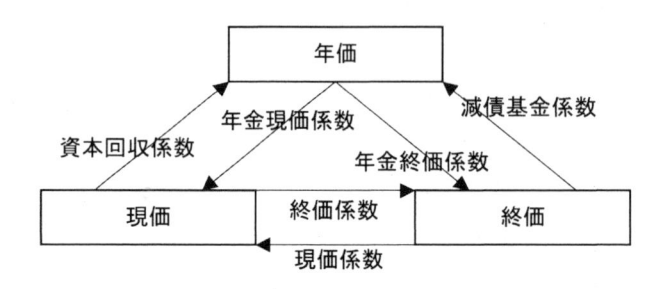

図 3.3: 各係数の関係

> (1) 年利率が大きいと，現在の資金と同じ価値をもつ年価は大きい．
>
> (2) 年利率が小さいと，将来の資金と同じ価値をもつ年価はそれほど小さくない．

そろそろ疲れてきましたか？ ちょっと頭が痛くなった人は，この章の残りは読み飛ばしても構いません．ここまでだけでも，現価，終価，年価の意味が分かり，これらの関係が等比数列を用いて説明できることを理解したのです．等比数列1つだけでも，コミュニケーション能力が大きくアップしたのですから．

3.5 正味現価，正味終価，正味年価

これまでに学習した現価，終価，年価の概念を，設備などの投資計画に応用してみましょう．

ある1つの投資案があります．この投資案では，初期投資として C_0 をかけると，今後 n 年間にわたって報酬（人件費の節約や，売り上げの増加等）が期待できます．第1期末には R_1，第2期末には R_2，第 n 期末には R_n の報酬[1]が上げられます．このとき，正味の利益はどれくらいになるのでしょ

---

[1] ここでいう報酬 $R_1, R_2, \cdots, R_n$ は一定の同じ値であるとは限りません．もしこれらが $R_1 = R_2 = \cdots = R_n = R$ を満たすならば，R を年価と解釈することができます．

3.5 正味現価，正味終価，正味年価

うか．

このような問題を考える場合にも，先に述べた現価，終価，年価の考え方を適用することができます．各期末の報酬を現価に変換し，初期投資額を引くと

$$P = \frac{R_1}{1+\alpha} + \frac{R_2}{(1+\alpha)^2} + \cdots + \frac{R_n}{(1+\alpha)^n} - C_0 \qquad (3.20)$$
$$= R_1 [S \to P]_1^\alpha + R_2 [S \to P]_2^\alpha + \cdots + R_n [S \to P]_n^\alpha - C_0$$

となります．このときの P は正味の利益を現価に変換したものになっています．これを**正味現価**といいます．

ここで，$P > 0$ であれば，この投資案は利益を上げられる投資案であり，$P \leq 0$ ならば，利益を上げることができない投資案であることが分かります．このように，正味の利益を現価に変換して投資案を評価する方法を**現価法**と呼んでいます．図 3.4 は，現価法における初期投資額と毎期の報酬，ならびに報酬合計の現価を表しています．

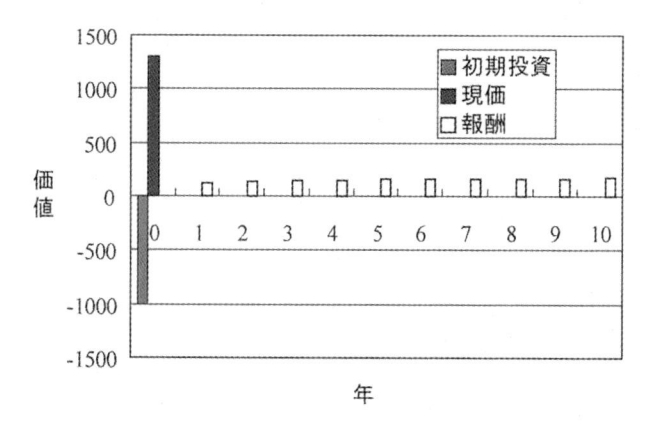

図 3.4: 現価法

ちょっと寄り道をして，式 (3.20) で

$$R_1 = R_2 = \cdots = R_n = R$$

である場合を考えましょう．このとき，毎年一定額の報酬が得られることとなり R は年価 M と同じ意味をもちます[2]．したがって，$R_1 = R_2 = \cdots = R_n = R$ であるとき，式 (3.20) は

$$P = R\sum_{i=1}^{n}(1+\alpha)^{-i} - C_0 = R\left[M \to P\right]_n^\alpha - C_0$$

となることが分かります．

次に，正味の利益を終価 S に直してみましょう．正味現価は式 (3.20) で与えられることから，これに終価係数をかけます．すると

$$\begin{aligned}S &= P\left[P \to S\right]_n^\alpha = P(1+\alpha)^n \quad (3.21)\\ &= R_1(1+\alpha)^{n-1} + R_2(1+\alpha)^{n-2} + \cdots + R_n - C_0(1+\alpha)^n\end{aligned}$$

となります．これは

$$\begin{aligned}S = &R_1\left[P \to S\right]_{n-1}^\alpha + R_2\left[P \to S\right]_{n-2}^\alpha + \cdots + R_n \\ &- C_0\left[P \to S\right]_n^\alpha\end{aligned} \quad (3.22)$$

のように，終価係数 $\left[P \to S\right]_{n-i}^\alpha (i=0,1,2,\cdots,n-1)$ を用いて表現することもできます．

式 (3.21) あるいは式 (3.22) で与えられる S を**正味終価**と呼びます．ここでも，$S>0$ であれば，この投資案は利益を上げることができ，$S \leq 0$ ならば，利益を上げることができないことが分かります．このような方法を**終価法**と呼んでいます．図 3.5 は終価法における初期投資の終価と，毎期の報酬および報酬合計の終価を表しています．

---

[2]年価は，その額が毎年一定であればよいのです．

3.5 正味現価, 正味終価, 正味年価

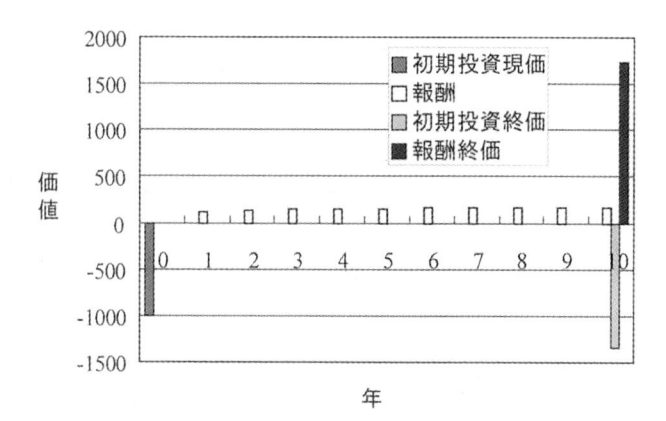

図 3.5: 終価法

年価についても同様な考え方をすることが可能です．正味現価 P を年価 M に換算すると

$$
\begin{aligned}
M &= P\,[P \to M]_n^\alpha \qquad\qquad\qquad\qquad\qquad (3.23)\\
&= \left\{ \frac{R_1}{1+\alpha} + \frac{R_2}{(1+\alpha)^2} + \cdots + \frac{R_n}{(1+\alpha)^n} - C_0 \right\} \frac{\alpha}{1-(1+\alpha)^{-n}}\\
&= \left\{ R_1\,[S \to P]_1^\alpha + R_2\,[S \to P]_2^\alpha + \cdots + R_n\,[S \to P]_n^\alpha - C_0 \right\}\\
&\quad \times [P \to M]_n^\alpha
\end{aligned}
$$

が成り立ちます．この M を**正味年価**と呼び，$M > 0$ であれば，これは利益を上げることができる投資案であり，$M \leq 0$ であれば利益を上げることのできない投資案であることが分かります．このような評価の方法を**年価法**と呼んでいます．

> **例題 3.10** 100万円を投資して簡単なOA(オフィス・オートメーション)化を考えている.このOA化により,伝票にかかる経費が年間10万円削減可能である.年利率2%,計画期間10年とすると,この投資は行うべきか.
>
> [解説]
> 　現価法で分析する.ここでは $R_1 = R_2 = \cdots = R_{10} = 10$,すなわち毎年一定の報酬が得られることから,これらの報酬は年価に同じである.よって,正味現価を求めるのに年金現価係数 $[M \to P]_{10}^{0.02}$ を用いることができる.すなわち
>
> $$\begin{aligned} P &= 10\,[M \to P]_{10}^{0.02} - 100 \\ &= 10 \times 8.98 - 100 < 0 \end{aligned}$$
>
> であることから,この投資は行うべきではない. 　　(;_;)

> [別法]
> 　問題の投資案の投資額 $C_0 = 100$万円に対する年価 M を求めてみよう.これは,現価である100万円に資本回収計数 $[P \to M]_n^\alpha$ をかけることで求められる.すなわち
>
> $$M = C_0\,[P \to M]_{10}^{0.02} = 100 \times 0.111 = 11.1$$
>
> よって,C_0 の年価 $M = 11.1$ 万円が,毎年削減可能な経費10万円より大きいので,初期投資額の方が削減可能な経費よりも大きな価値をもつことが分かる.よってこの投資案は採択すべきではないこととなる. 　　(T_T)

3.6 ポイント

> **ポイント 3.1** 単利計算
>
> $$A_n = A_0(1 + n\alpha)$$

3.6 ポイント

ポイント 3.2 複利計算
$$A_n = A_0(1+\alpha)^n$$

ポイント 3.3 現価
$$A_0 = A_n \frac{1}{(1+\alpha)^n} = A_n[S \to P]_n^\alpha$$

ポイント 3.4 終価
$$A_n = A_0(1+\alpha)^n = A_0[P \to S]_n^\alpha$$

ポイント 3.5 年価
$$\begin{aligned} M &= P\frac{\alpha}{1-(1+\alpha)^{-n}} = P[S \to M]_n^\alpha \\ &= S\frac{\alpha}{(1+\alpha)^n - 1} = S[S \to M]_n^\alpha \end{aligned}$$

ポイント 3.6 正味現価
$$P = R_1[S \to P]_1^\alpha + R_2[S \to P]_2^\alpha + \cdots + R_n[S \to P]_n^\alpha - C_0$$

ポイント 3.7 正味終価
$$S = R_1[P \to S]_{n-1}^\alpha + R_2[P \to S]_{n-2}^\alpha + \cdots + R_n - C_0[P \to S]_n^\alpha$$

ポイント 3.8 正味年価
$$\begin{aligned} M &= \left\{ R_1[S \to P]_1^\alpha + R_2[S \to P]_2^\alpha + \cdots + R_n[S \to P]_n^\alpha - C_0 \right\} \\ &\quad \times [P \to M]_n^\alpha \end{aligned}$$

3.7 演習問題

演習 3.1 単利計算の下で年利率が 2% であるとき，銀行に 100 万円を預けると 10 年後の元利合計はいくらか．

演習 3.2 単利計算の下で年利率が 3% であるとき，銀行に 100 万円を預けると 15 年後の元利合計はいくらか．

演習 3.3 複利計算の下で年利率が 2% であるとき，銀行に 100 万円を預けると 10 年後の元利合計はいくらか．

演習 3.4 複利計算の下で年利率が 3% であるとき，銀行に 100 万円を預けると 8 年後の元利合計はいくらか．

演習 3.5 年利率が 2% であるとき，現在の 100 万円と，10 年後の 110 万円ではどちらの価値が大きいか．

演習 3.6 年利率 3% で，計画期間が 5 年であるとき，現価 102 万円の終価を求めよ．

演習 3.7 年利率 3% で，計画期間が 5 年であるとき，終価 105 万円の現価を求めよ．

演習 3.8 年利率 3% で，計画期間が 5 年であるとき，現価 100 万円の年価を求めよ．

演習 3.9 年利率 2% で，計画期間が 10 年であるとき，現価 1000 万円の年価を求めよ．

演習 3.10 年利率 3% で，計画期間が 5 年であるとき，終価 105 万円の年価を求めよ．

演習 3.11 年利率 2% で，計画期間が 10 年であるとき，終価 1000 万円の年価を求めよ．

3.7 演習問題

演習 3.12 年利率 3% で,計画期間が 10 年であるとき,年価が 100 万円となるための現価を求めよ.

演習 3.13 年利率 3% で,計画期間が 10 年であるとき,年価が 100 万円となるための終価を求めよ.

演習 3.14 毎年年始めに M 万円を年利率 $100\alpha\%$ で n 年間積み立てたとき, n 年目の年末時点での終価を求めよ.

演習 3.15 初期投資に 100 万円をかけると,今後 10 年間にわたり,毎年年末に 15 万円の報酬が得られる.年利率が 3% であるときに,この投資案は採用すべきかどうか検討せよ.

演習 3.16 上の問題で年利率が 2% である場合を検討せよ.

演習 3.17 例題 3.10 において,投資額が 90 万円であり,年利率が 1% であれば,この投資は行うべきか.

第4章 データの分析

4.1 データの和

第2章で,数列の和を表す記号として $\sum$ を導入しました.この記号は種々の分野で利用されています.そのうちの1つに,統計学を含めたデータの分析があります.ここでは,データの分析手法の基礎について説明しましょう.

統計学などでは,n個のデータを $x_1, x_2, \cdots, x_n$ と書くことがよくあります.これは,データ数が10でも1000でも対応できるように n 個としており,また添字を使うことで各データを表すアルファベット記号を x の1種類だけにしているのです.次に,これらのデータの和を用いて分析を進めることが頻繁にあります.このような n 個のデータの和が

$$S = \sum_{i=1}^{n} x_i \tag{4.1}$$

のように,**和の記号** $\sum$ を使って表せることについては,第2章に説明したとおりです.

一方,個々のデータを2乗したものの和を求めることも少なくありません.これは

$$T = \sum_{i=1}^{n} x_i^2 \tag{4.2}$$

のように記述されます

4.2 平均と分散

平均は,多くの人が感覚的に理解して,使っています.ちょっと詳しい

人は**分散**も使っています．この平均や分散は何のために使うのか，もう一度考えてみましょう．

平均は，データがどの辺りに分布しているかを見る代表的な指標の1つです．平均以外に，**中央値**(メジアン)や**最頻値**(モード)というのもあります．

中央値は，大きさの順にデータを並べたとき，真ん中に位置するデータの値を意味します．nを自然数とし，データ数が$2n+1$個であれば，つまりデータ数が奇数個の場合には，中央値はn番目のデータの値を意味します．データ数が$2n$個であれば，すなわちデータ数が偶数個の場合には，中央値は，n番目と$n+1$番目のデータの値の平均を意味します．

また最頻値は，度数(データの個数)が最も大きな値を意味しています．

以下では，平均だけに注目してみましょう．n個のデータ$x_1, x_2, \cdots, x_n$の平均は

$$\bar{x}$$

のように書かれることが多く，これは，和の記号を用いると

$$\bar{x} = \frac{\sum_{i=1}^{n} x_i}{n} = \frac{S}{n} \tag{4.3}$$

で与えられます．

例題 4.1 A市を中心に，学生を対象としたリクルートスーツを製造，販売することを考えてみよう．しかも製造販売するスーツのサイズは1つだけにして大量生産すれば，1着当たりの製造費も安くなるので，スーツの値段を下げて新しく市場に参入するのである．他のスーツよりも安いので，きっと売れると考えられる．このとき，1つだけに絞るスーツのサイズをどのようにして決めればよいであろうか．

[解説]
　A市の学生の平均身長が分かれば，平均身長に合わせたサイズのスーツを製造，販売すればよいことが分かる．図4.1は，A市在住の学生の身長の分布である．このように，平均はデータが分布している大まかな位置を知るための指標として使われる．　　(^-^)

4.2 平均と分散

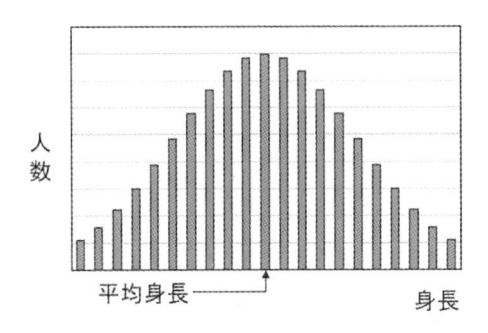

図 4.1: 分布と平均

これに対し，データが平均のまわりにどの程度ばらついているかを見る代表的な尺度として，**分散**があります．これは

$$(x_1 - \overline{x})^2, \quad (x_2 - \overline{x})^2, \quad \cdots, \quad (x_n - \overline{x})^2$$

のように，各データが平均からどれだけ離れているかの距離を算出し，それを2乗します．次に，これらのn個の値の平均をとったものが分散です．分散をVと書くことにすると

$$V = \frac{\sum_{i=1}^{n}(x_i - \overline{x})^2}{n} \quad (4.4)$$

となります．

$(x_i - \overline{x})$を2乗するのは，次の理由からです．$(x_i - \overline{x})$を2乗しないで，そのまま和を求めてみましょう．すると

$$\sum_{i=1}^{n}(x_i - \overline{x}) = \sum_{i=1}^{n} x_i - n\overline{x} = \sum_{i=1}^{n} x_i - n\frac{\sum_{i=1}^{n} x_i}{n} = 0$$

となってしまいます[1]．これは，$(x_i - \overline{x})$が正の値をとったり，負の値をとったりするからです．$(x_i - \overline{x})$を2乗することで，$(x_i - \overline{x})$が正の場合でも，負の場合でも，$(x_i - \overline{x})^2 \geq 0$となります．

分散の公式を言葉で書くと

---

[1] 数式による証明を用いなくても，簡単なデータで実際に計算してみれば，すぐに分かります．

各データが平均からどれだけ離れているかという距離の2乗の平均

となります.

なお,分散は式 (4.4) で定義されますが,次式も成り立つことが証明できます.

$$V = \frac{\sum_{i=1}^{n} x_i^2}{n} - \bar{x}^2 = \frac{T}{n} - \left(\frac{S}{n}\right)^2 \tag{4.5}$$

式 (4.5) より,分散を別の言葉で表現すると

分散 = 2乗の平均 − 平均の2乗

ということになります.電卓で分散を計算する場合には,式 (4.4) よりも式 (4.5) の方が計算に必要な作業が楽になります.

例題 4.2 例題 4.1 において,A 市在住の学生の身長の分散が大きければどうすればよいか.

[解説]

　身長の分散が小さければ,スーツのサイズを平均身長に合わせて,1 種類のサイズだけを製造,販売することで市場に参入できるであろう.分散が小さければ,多くの人の身長が平均身長と同じような値をとるからである.しかし,分散が大きいとそういうわけにはいかない.小さめのサイズのスーツと大きめのサイズのスーツを同時に製造,販売しなければ,より多くの需要をまかなうことができない.しかし,異なるサイズのスーツを製造するには,余分に製造費用がかかるため,安い値段で市場に参入することが難しくなるかも知れない.

　図 4.2 は,平均は同じであるが,分散が小さな分布と大きな分布を比較したものである.　　　(;_;)

各データが,平均のまわりにどの程度ばらついているかを見る指標として,分散以外に**標準偏差**というものがあります.これは次のようにして説明することができます.

各データが,学生の身長(単位 cm)を表している場合を考えましょう.このとき平均の単位も cm です.しかし,式 (4.4) や (4.5) のようにして計算

4.3 正規分布

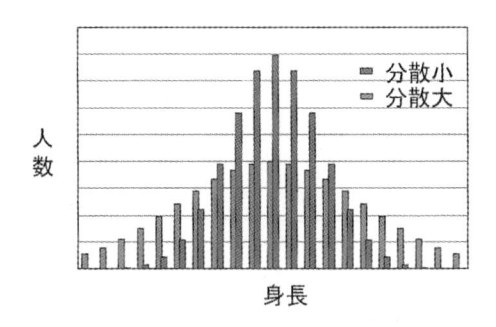

図 4.2: 分散の異なる分布

された分散の単位は cm^2 であり，元のデータの単位と異なった単位をもつようになってしまいます．cm^2 はもはや長さではなく，面積の単位です．

そこで，分散の正の平方根を考えます．分散の正の平方根を**標準偏差**と呼びます．標準偏差は，元のデータと同じ単位をもつこととなり，このような標準偏差もばらつきを見るための尺度として用いられます．標準偏差を σ を用いて表すこととすると

$$\sigma = \sqrt{V} \tag{4.6}$$

で与えられます．

4.3 正規分布

4.3.1 正規分布の性質

統計学で使われる代表的な分布に**正規分布**があります．これは理論上の分布であり，その形状を表すグラフは次のような数式で表現されます．

$$f(x) = \frac{1}{\sqrt{2\pi}\sigma} e^{-\frac{(x-\theta)^2}{2\sigma^2}}$$

また見慣れない e というのも含まれていますので，こんな式を覚える必要はまったくありません．ただ，式で表現できるということさえ理解できれ

ばそれで十分です．この式が表すグラフを図4.3に示します．またその特徴をまとめると次のようになります．

(1) 平均はθ，分散はσ^2，標準偏差はσである[2]．

(2) 平均θを対称軸として，左右対象の釣り鐘状の形をしている．

(3) 平均θは，同時に中央値（メジアン），最頻値（モード）でもある．

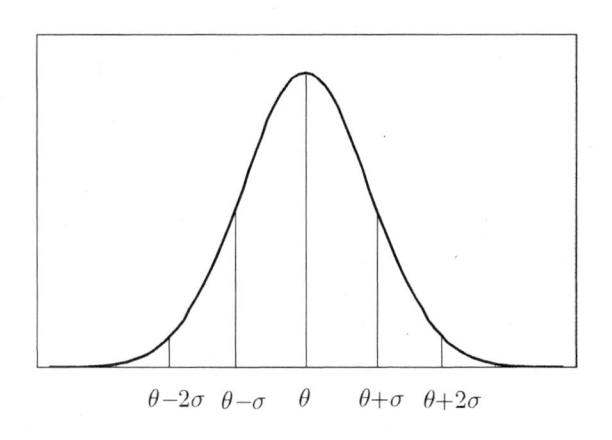

図 4.3: 正規分布

正規分布の注目すべき特徴は，上記以外に，次の4つがあります．

(4) $[\theta - \frac{2}{3}\sigma, \theta + \frac{2}{3}\sigma]$の範囲に，全体の約$\frac{1}{2}$の割合が含まれる．

(5) $[\theta - \sigma, \theta + \sigma]$の範囲に，全体の約$\frac{2}{3}$の割合が含まれる．

(6) $[\theta - 2\sigma, \theta + 2\sigma]$の範囲に，全体の約95%の割合が含まれる．

---

[2]ここでいう平均や分散は理論上の平均，分散です．これに対して，式(4.3)及び式(4.4)はデータの平均，分散であり，これらを区別するために，式(4.3)を**標本平均**，式(4.4)を**標本分散**と呼ぶことがあります．

4.3 正規分布

(7) $[\theta - 3\sigma, \theta + 3\sigma]$ の範囲に，全体の 99.7% の割合が含まれる．

上に示した (4)〜(7) の 4 つの特徴[3]は，平均 θ や標準偏差 σ の値に関係なく成立します．またここで注目すべきは，範囲を表すのに，平均に標準偏差を何倍かしたものを足したり，引いたりしています．前にも説明しましたが，平均と分散では単位が異なりますが，平均と標準偏差では同じ単位をもっています．ですので，平均から標準偏差の何倍かしたものを加えたり，減じたりした結果も，平均や標準偏差と同じ単位をもっていることになります．

例題 4.3 例題 4.1 において，A 市在住の学生の身長平均が 170cm，標準偏差が 5cm であることが分かった．どんなことが言えるか？

[解説]
正規分布の特徴 (4)〜(7) を使えば

- 身長が 166.68cm 以上，173.32cm 以下の学生が，全体の約半分を占めている．

- 身長が 165cm 以上，175cm 以下の学生が，全体の約 $\frac{2}{3}$ を占めている．

- 身長が 160cm 以上，180cm 以下の学生が，全体の約 95% を占めている．

- 身長が 155cm 以上，185cm 以下の学生が，全体の 99.7%，つまりほとんどを占めている．

が分かる．
スーツのサイズを身長 173cm 用の 1 種類に絞ることで製造費を安くし，値段も安く設定して市場に参入してみるのも面白いかもしれない．

(^_-)V

---

[3]これらの割合の覚え方：(4), (5), (6) はそのままでも覚えやすい数値です．(7) については，「千三つ (せんみつ)」と覚えましょう．「千三つ」とは，千の話のうち，本当の話はたった三つしかない，つまり嘘，偽りのことを意味します．「千三屋」といえば，ほら吹きのことを意味します．しかし，千のうちの三つですから，滅多に無いことを意味していると解釈すればよいのです．

4.3.2 正規分布の変換と偏差値

上に説明した正規分布に従うようなデータ $x_1, x_2, \cdots, x_n$ において，各データ x_i $(i = 1, 2, \cdots, n)$ に対して

$$z_i = \frac{x_i - \theta}{\sigma}, \ i = 1, 2, \cdots, n \tag{4.7}$$

のような変換を施すと，$z_1, z_2, \cdots, z_n$ は，平均が 0，標準偏差が 1 の正規分布に従うことが知られています[4]．また，平均 0，標準偏差 1 の正規分布のことを**標準正規分布**と呼びます．さらに，このような変換を行うことを**標準化**といいます．標準化を行うことの長所は次のとおりです．

2 種類のデータを考えましょう．1 つは身長，もう 1 つは視力です．身長のデータは 172cm のような値をとります．しかし，視力のデータは 1.5 のように 1 の位と小数第 1 位からなる数値をとり，身長のデータとは，数値の大きさが全然違います．このままそれぞれの平均求めると，身長については，平均も 170.5cm のような値をとり，視力の平均値は 1.1 のような数値となります．このように値が大きく異なるような場合でも，標準化することで同じような大きさの値に変換されます．そして標準化した値が 1.0 であったりすると，それは平均より大きいことが一瞬で分かります．

平均 0，標準偏差 1 の標準正規分布に従うようなデータ $z_1, z_2, \cdots, z_n$ に対して

$$y_i = s \times z_i + m, \ i = 1, 2, \cdots, n \tag{4.8}$$

のような変換を行うと，$y_1, y_2, \cdots, y_n$ は，平均が m，標準偏差が s の正規分布に従うことも知られています[5]．このようにして得られた平均 m，標準偏差 s の正規分布においても，上で説明した特徴 (1)〜(7) が成立します．ただし，(1)〜(7) において，θ を m，σ を s で置き換える必要があります．

さて，ここで $m = 50$，$s = 10$ としたとき，式 (4.8) の y_i は，平均 50，標準偏差 10 の正規分布に従いますが，上の特徴 (5)〜(7) をこの m，s の値を

---

[4] 式 (4.7) の理論的な意味は，数理統計学という分野を学習すれば理解できますが，本書では範囲外になります．

[5] 式 (4.8) の理論的な意味も，数理統計学という分野を学習すれば理解でき，本書では範囲外になります．

4.3 正規分布

使って書き直すと，

- $[40,\ 60]$ の範囲に，全体の約 $\dfrac{2}{3}$ の割合が含まれる．
- $[30,\ 70]$ の範囲に，全体の約 95% の割合が含まれる．
- $[20,\ 80]$ の範囲に，全体の 99.7% の割合が含まれる．

となります．これは，何を意味しているか分かりますか？

これは，**偏差値**と呼ばれ，受験などで悩まされた数値の正体です．つまり，成績全体が左右対象で，釣り鐘状のきれいな形をした正規分布に従っていると考えられるなら，

- 偏差値が 40 以上，60 以下の間に，全体の約 $\dfrac{2}{3}$ の割合が含まれる．
- 偏差値が 30 以上，70 以下の間に，全体の約 95% の割合が含まれる．
- 偏差値が 20 以上，80 以下の間に，，全体の 99.7% の割合が含まれる．

ことが分かります．このことから，偏差値が分かれば自分が全体の中でどのあたりに位置しているかについておおよその見当がつくこととなります．

例題 4.4　$m=20,\ s=5$ としたとき，式 (4.8) の y_i は，どんな正規分布に従うか．

[解説]
　平均 20, 標準偏差 5 の正規分布に従う．　(*'_'*)

例題 4.5　あるテストの成績で，偏差値が 70 であった．テストの成績全体が正規分布に従っていると仮定して，どんなことが言えるか．

[解説]
　成績全体が正規分布に従っていることから，左右対象である．正規分布の特徴から，偏差値が 40 以上，70 以下で，全体の約 95% を占めており，偏差値が 70 より大きい人の割合は全体の $(100-95)/2 = 2.5\%$ 存在することとなる．よって，偏差値が 70 であるということは，上位 2.5% あたりに位置していることが分かる．　\\(σ_σ)/

なお，データを集計した結果，全体として釣り鐘状になっていれば，全体が必ずしも左右対象になっていなくても，以上に説明した正規分布の特徴をひとつの目安や指針として使うことができます．

4.4 ポイント

> **ポイント 4.1** 平均とは，データがどのあたりに位置しているかを見る尺度．
> $$\overline{x} = \sum_{i=1}^{n} x_i = \frac{x_1 + x_2 + \cdots + x_n}{n}$$

> **ポイント 4.2** 分散とは，データが平均のまわりにどの程度ばらついているかを見る尺度．
> $$V = \frac{\sum_{i=1}^{n}(x_i - \overline{x})^2}{n} = \frac{\sum_{i=1}^{n} x_i^2}{n} - \overline{x}^2$$

> **ポイント 4.3** 平均 θ，標準偏差 σ の正規分布
>
> (4) $[\theta - \frac{2}{3}\sigma,\ \theta + \frac{2}{3}\sigma]$ の範囲に，全体の約 1/2 の割合が含まれる．
>
> (5) $[\theta - \sigma,\ \theta + \sigma]$ の範囲に，全体の約 2/3 の割合が含まれる．
>
> (6) $[\theta - 2\sigma,\ \theta + 2\sigma]$ の範囲に，全体の約 95% の割合が含まれる．
>
> (7) $[\theta - 3\sigma,\ \theta + 3\sigma]$ の範囲に，全体の 99.7% の割合が含まれる．

> **ポイント 4.4** 偏差値とは，全体の平均が 50，標準偏差が 10 となるように，各データを変換したときの，それぞれデータの値であり，全体での大体の位置が分かる．

4.5 演習問題

演習 4.1 次のようなデータの平均と分散，標準偏差を求めよ．

$$10, 11, 12, 12, 13, 14, 14, 16, 16, 18$$

4.5 演習問題

演習 4.2 式 (4.7) を使って，演習 4.1 のデータを変換せよ．

演習 4.3 演習 4.2 で変換したデータの平均と分散を求めよ．

演習 4.4 次のようなデータの平均と分散，標準偏差を求めよ．

$$100, 105, 115, 120, 135, 140, 140, 160, 165, 180$$

演習 4.5 式 (4.7) を使って，演習 4.4 のデータを変換せよ．

演習 4.6 演習 4.5 で変換したデータの平均と分散を求めよ．

演習 4.7 式 (4.5) が成立することを証明せよ．

演習 4.8 式 (4.8) で，$m=100$, $s=10$ としたとき，y_i はどんな正規分布に従うか．

演習 4.9 式 (4.8) で，$m=0$, $s=5$ としたとき，y_i はどんな正規分布に従うか．

演習 4.10 偏差値が 60 であるとき，全体でどのあたりに位置しているか．

演習 4.11 偏差値が 40 であるとき，全体でどのあたりに位置しているか．

演習 4.12 偏差値が 80 であるとき，全体でどのあたりに位置しているか．

演習 4.13 偏差値が 20 であるとき，全体でどのあたりに位置しているか．

第5章 行列

5.1 ベクトル

人間の身長について興味があるとき，通常170cmや158cmのような表現をします．しかし，人間の身長，体重，胸囲をまとめて分析したいというような場合，1人のデータとして合計3種類の数値を含んでいます．しかも，n人のデータがあり，身長，体重，胸囲の平均や分散に興味があるような場合も少なくありません．平均を計算する場合，それぞれの数値の和を計算する必要がありますが，1人の身長，体重，胸囲をひとまとめにし，

$$(身長, 体重, 胸囲)$$

のように書き，n人分の $(身長, 体重, 胸囲)$ を

$$(170, 60, 90) + (168, 63, 88) + \cdots + (180, 80, 95)$$
$$= (身長の和, 体重の和, 胸囲の和)$$

のように，$(身長, 体重, 胸囲)$ のまま加算できると非常に便利だと思いませんか．

さらに

$$\frac{1}{n}\Big[(170, 60, 90) + (168, 63, 88) + \cdots + (180, 80, 95)\Big]$$
$$= \frac{1}{n}(身長の和, 体重の和, 胸囲の和)$$
$$= (身長の平均, 体重の平均, 胸囲の平均)$$

のように, (身長の和, 体重の和, 胸囲の和)に $\frac{1}{n}$ をかけると, 身長の和, 体重の和, 胸囲の和 のそれぞれに $\frac{1}{n}$ がかけられ

(身長の平均, 体重の平均, 胸囲の平均)

のような計算結果になれば, もっと便利であると思いませんか.

(170, 60, 90) のような形式で表現されたものを**ベクトル**といいます. また, ベクトルを構成している一つひとつの数値, 170, 60, 90 を, ベクトルの**要素**と呼びます. ベクトルがいくつかの数値をひとまとめにして扱うのに対して, 1つの数値のみを扱う場合には, それを**スカラー**と呼びます.

一般に, n 個の要素からなるベクトルを

$$\boldsymbol{a} = (a_1, a_2, \cdots, a_n) \tag{5.1}$$

のように表し, n 次元ベクトルと呼びます. ベクトルの要素が実数であるときには, それを n **次元ユークリッド空間**の R^n ベクトルと呼び, n 次元空間における1つ点の座標を表しています. また, $\boldsymbol{a}$ が n 次元ユークリッド空間 R^n のベクトルであるとき

$$\boldsymbol{a} \in R^n$$

のように書きます.

例題 5.1 R^{10} のベクトルを1つ作れ.

[解説]
　$(a_1, a_2, a_3, \cdots, a_{10})$. 　(ˆ_ˆ)

例題 5.2 　ベクトル $\boldsymbol{x} = (5, 10)$ が表す座標を示せ.

[解説]
　2次元座標系における, $(x, y) = (5, 10)$ なる点を表している.
(ˆ_ˆ)v

5.1 ベクトル

> **例題 5.3** ベクトル $x = (4, 5, 8)$ が表す座標を示せ.
>
> [解説]
> 3次元座標系における, $(x, y, z) = (4, 5, 8)$ なる点を表している.
> (^-^)

また, ベクトルは式 (5.1) のように, いつもいつも要素を横に並べるとは限りません.

$$a = \begin{pmatrix} a_1 \\ a_2 \\ \cdots \\ a_n \end{pmatrix} \qquad (5.2)$$

のように, 要素を縦に書いても構いません. ただし, ベクトルを縦に書くか横に書くかは, 統一しておく必要があります. しばらくの間, 式 (5.1) のように要素を横に並べたベクトルを横ベクトル, 式 (5.2) のように縦に並べたものを縦ベクトルと呼ぶことにしましょう.

> [注意]
> 高等学校では, ベクトルを $\vec{a}$ のように, a の上に $\vec{\ }$ をつけて表していました. これは, ベクトルがもっている情報に, ベクトル自身の向きや長さを含んでいるからです.
> 理系では, ベクトルの向きに関する情報が重要な役割を果たすことが多々ありますが, 本書では, ベクトルの向きに関する情報を使いません. その方が簡単ですよね. \(*^-^*)/

5.2 行列

5.2.1 行列とは

今年の北海道，本州，四国，九州における，林檎，蜜柑，梨の生産量を次のように表すこととします．

$$A = \begin{array}{c} \text{林檎}\text{蜜柑}\text{梨} \\ \begin{bmatrix} 17.2 & 2.3 & 4.2 \\ 86.8 & 125.9 & 48.4 \\ 11.9 & 69.7 & 11.5 \\ 5.1 & 29.6 & 7.8 \end{bmatrix} \end{array} \begin{array}{l} \text{北海道} \\ \text{本州} \\ \text{四国} \\ \text{九州} \end{array}$$

来年度，再来年度も同じようにして，北海道，本州，四国，九州における林檎，蜜柑，梨の生産量を表し，それらを B, C と書くこととします．もし，これらを足し合わせることで

$A + B + C$

$$= \begin{bmatrix} \text{林檎の生産量の和} & \text{蜜柑の生産量の和} & \text{梨の生産量の和} \\ \text{林檎の生産量の和} & \text{蜜柑の生産量の和} & \text{梨の生産量の和} \\ \text{林檎の生産量の和} & \text{蜜柑の生産量の和} & \text{梨の生産量の和} \\ \text{林檎の生産量の和} & \text{蜜柑の生産量の和} & \text{梨の生産量の和} \end{bmatrix} \begin{array}{l} \text{北海道} \\ \text{本州} \\ \text{四国} \\ \text{九州} \end{array}$$

のような計算ができると便利ですね．

さらに，$(A + B + C)$ にスカラーである $\dfrac{1}{3}$ をかけたとき

$\dfrac{1}{3}\Big(A + B + C\Big)$

$$= \dfrac{1}{3} \begin{bmatrix} \text{林檎の生産量の和} & \text{蜜柑の生産量の和} & \text{梨の生産量の和} \\ \text{林檎の生産量の和} & \text{蜜柑の生産量の和} & \text{梨の生産量の和} \\ \text{林檎の生産量の和} & \text{蜜柑の生産量の和} & \text{梨の生産量の和} \\ \text{林檎の生産量の和} & \text{蜜柑の生産量の和} & \text{梨の生産量の和} \end{bmatrix} \begin{array}{l} \text{北海道} \\ \text{本州} \\ \text{四国} \\ \text{九州} \end{array}$$

5.2 行列

$$= \begin{bmatrix} 林檎の生産量の平均 & 蜜柑の生産量の平均 & 梨の生産量の平均 \\ 林檎の生産量の平均 & 蜜柑の生産量の平均 & 梨の生産量の平均 \\ 林檎の生産量の平均 & 蜜柑の生産量の平均 & 梨の生産量の平均 \\ 林檎の生産量の平均 & 蜜柑の生産量の平均 & 梨の生産量の平均 \end{bmatrix}$$

のようになれば，これも便利ですね．

この例は，**5.1**で挙げた(身長, 体重, 胸囲)についての例を拡張したものになっています．このことから，以下で取り扱う**行列**は，ベクトルの拡張になっていることが推測できます．

もう1つ例を挙げましょう．あるコンビニエンスストアにおいて，3種類のペットボトルのお茶 T_1, T_2, T_3 の販売個数を集計し，その結果を

$$A = \begin{matrix} & T_1 & T_2 & T_3 & \\ & \begin{bmatrix} 48 & 25 & 56 \\ 57 & 46 & 68 \\ 52 & 43 & 59 \\ 45 & 30 & 51 \end{bmatrix} & \begin{matrix} 第1週目 \\ 第2週目 \\ 第3週目 \\ 第4週目 \end{matrix} \end{matrix}$$

のようにまとめてみました．

次に，

$$P = \begin{bmatrix} T_1 \text{の販売価格} & T_1 \text{ 1本当たりの利益} \\ T_2 \text{の販売価格} & T_2 \text{ 1本当たりの利益} \\ T_2 \text{の販売価格} & T_3 \text{ 1本当たりの利益} \end{bmatrix}$$

のように表すことにします．このとき，A と P をかけると

$$A \times P = \begin{bmatrix} 第1週目の売上高 & 第1週目の合計利益 \\ 第2週目の売上高 & 第2週目の合計利益 \\ 第3週目の売上高 & 第3週目の合計利益 \\ 第4週目の売上高 & 第4週目の合計利益 \end{bmatrix}$$

のような計算結果になれば，これも便利ではないでしょうか．なお

(第1週目の売上高)

$$= (第1週目のT_1の販売個数48) \times (T_1の販売価格)$$

$$+ (第1週目のT_2の販売個数25) \times (T_2の販売価格)$$

$$+ (第1週目のT_3の販売個数56) \times (T_3の販売価格)$$

(第1週目の合計利益)

$$= (第1週目のT_1の販売個数48) \times (T_1\ 1本当たりの利益)$$

$$+ (第1週目のT_2の販売個数25) \times (T_2\ 1本当たりの利益)$$

$$+ (第1週目のT_3の販売個数56) \times (T_3\ 1本当たりの利益)$$

であり,第2週目以降も同様の関係が成り立ちます.本章で学習する**行列**は,このような計算を可能にしてくれる概念です.

一般に

$$\boldsymbol{A} = \begin{bmatrix} a_{11} & a_{12} & \cdots & a_{1m} \\ a_{21} & a_{22} & \cdots & a_{2m} \\ \cdots & \cdots & \cdots & \cdots \\ \cdots & \cdots & a_{ij} & \cdots \\ \cdots & \cdots & \cdots & \cdots \\ a_{n1} & a_{n2} & \cdots & a_{nm} \end{bmatrix} \tag{5.3}$$

のような形で表現されたものを**行列**と呼び,通常太字の大文字アルファベットで表します.また,a_{ij} を行列の**要素**と呼びます.行列を $\boldsymbol{A} = \{a_{ij}\}$, $(i = 1, 2, \cdots, n, j = 1, 2, \cdots, m)$ のように書くこともあります.特に紙数を節約したいときには,この簡略形を使います.さらに,要素の並びを横に見るときこれを**行**と呼び,縦に見るときにこれを**列**と呼びます.式(5.3)においては,$a_{11}, a_{12}, \cdots, a_{1m}$ が1つの行をなし,$a_{11}, a_{21}, \cdots, a_{n1}$ が1つの列を構成しています.

行列の要素を記号を用いて表現するとき,a_{ij} のように,記号 a が2つの**添字** i, j をもち,最初の添字 i は要素 a_{ij} が何番目の行に位置しているかを表し,2つ目の添字 j は要素 a_{ij} が何番目の列に含まれているかを表します.

5.2 行列

行列の大きさは次のように表現します．式 (5.3) のような行列で，行列の要素が実数であるとき，A は $R^{n \times m}$ の行列であるといい

$$A \in R^{n \times m}$$

のように書きます．これは，単に行列の大きさを表すだけですので，惑わされないようにしましょう．

式 (5.1) の横ベクトルも行列の 1 種であり，$R^{1 \times n}$ の行列です．式 (5.2) の縦ベクトルについても同様に，$R^{n \times 1}$ の行列です．一般に，行列はいくつかのベクトルから成り立っていると考えて，横ベクトルを用いて，次のように記述しても構いません．

$$A = \begin{bmatrix} a_1 \\ a_2 \\ \cdots \\ a_n \end{bmatrix} \tag{5.4}$$

ただし

$$a_i = (a_{i1}, a_{i2}, \cdots, a_{im}) \quad i = 1, 2, \cdots, n \tag{5.5}$$

です．このようにこれまで横ベクトルと呼んできたベクトルは，行列の行を構成するベクトルであるので，今後**行ベクトル**と呼ぶこととします．

同様に，行列は縦ベクトルを用いて

$$A = (a'_1, a'_2, \cdots, a'_n) \tag{5.6}$$

のように書くことができます．ここに

$$a'_i = \begin{pmatrix} a_{1i} \\ a_{2i} \\ \cdots \\ a_{ni} \end{pmatrix} \quad i = 1, 2, \cdots, m \tag{5.7}$$

です．このようにこれまで縦ベクトルと呼んできたベクトルは，行列の列を構成するベクトルであるので，今後**列ベクトル**と呼びます．

例題 5.4 次の行列の大きさを書け．また，行ベクトルをすべて書け．

$$A = \begin{bmatrix} 1 & 2 & 3 & 4 \\ 5 & 6 & 7 & 8 \\ 9 & 10 & 11 & 12 \end{bmatrix}$$

[解説]
行列の大きさは $A \in R^{3 \times 4}$ である．また行ベクトルは

$$\begin{aligned} \boldsymbol{a}_1 &= (1, 2, 3, 4) \\ \boldsymbol{a}_2 &= (5, 6, 7, 8) \\ \boldsymbol{a}_3 &= (9, 10, 11, 12) \end{aligned}$$

である． (^_^)

例題 5.5 $A \in R^{4 \times 3}$ であるような行列を一般式で書け．

[解説]

$$A = \begin{bmatrix} a_{11} & a_{12} & a_{13} \\ a_{21} & a_{22} & a_{23} \\ a_{31} & a_{32} & a_{33} \\ a_{41} & a_{42} & a_{43} \end{bmatrix}$$

である． (^_^)V

5.2.2 正方行列と転置行列

行列 $A = \{a_{ij}\}$, $(i = 1, 2, \cdots, n, j = 1, 2, \cdots, m)$ において $n = m$ が成り立つような行列のことを n 次の**正方行列**と呼びます．形が正方形であるからでしょう．正方行列において，左上隅から右下隅にかけての要素 $a_{11}, a_{22}, \cdots, a_{nn}$ を**対角要素**と呼びます．

5.2 行列

一方，$A = \{a_{ij}\}(i = 1, 2, \cdots, n, j = 1, 2, \cdots, m)$ に対して

$$A' = \begin{bmatrix} a_{11} & a_{21} & \cdots & a_{n1} \\ a_{12} & a_{22} & \cdots & a_{n2} \\ \cdots & \cdots & \cdots & \cdots \\ a_{1m} & a_{2m} & \cdots & a_{nm} \end{bmatrix} \tag{5.8}$$

で与えられるような行列を**転置行列**といい，A' あるいは A^t のように表します．式 (5.7) に示した a'_i は，行ベクトル $a_i = (a_{1i}, a_{2i}, \cdots, a_{ni})$ を転置したものと考えられるので，a_i に $'$ をつけて表記しています．

例題 5.6 次の正方行列の対角要素を書け．

$$A = \begin{bmatrix} 1 & 2 & 3 & 4 \\ 5 & 6 & 7 & 8 \\ 9 & 10 & 11 & 12 \\ 13 & 14 & 15 & 16 \end{bmatrix}$$

[解説]
行列 A の対角要素は

$$1, 6, 11, 16$$

である． (^_^)

例題 5.7 次の行列の転置行列を書け．

$$A = \begin{bmatrix} 9 & 10 & 11 & 12 \\ 5 & 6 & 7 & 8 \\ 1 & 2 & 3 & 4 \end{bmatrix}$$

[解説]
　行列 A の転置行列は
$$A' = \begin{bmatrix} 9 & 5 & 1 \\ 10 & 6 & 2 \\ 11 & 7 & 3 \\ 12 & 8 & 4 \end{bmatrix}$$
である．　　　(^-^)

5.3　行列の和と積

　我々が普段使用している実数の世界に四則演算があるように，行列の世界にも四則演算があります．ここでは，行列の世界の四則演算について説明します．

5.3.1　等しい

　次式で与えられるような3つの行列 A, B, C を考えましょう．

$$A = \begin{bmatrix} 1 & 2 & 3 \\ 3 & 1 & 2 \\ 2 & 3 & 1 \end{bmatrix}, \quad B = \begin{bmatrix} 1 & 2 & 3 \\ 3 & 1 & 2 \\ 2 & 3 & 1 \end{bmatrix}, \quad C = \begin{bmatrix} 1 & 2 & 3 \\ 3 & 1 & 2 \\ 2 & 3 & 0 \end{bmatrix}$$

このとき，$A = B$ は成立しますが，$A = C$ は成立しません．この例から法則を推測して下さい．2つの行列 A, B の大きさが同じで，対応する要素すべてが等しいとき，その2つの行列は**等しい**といって，$A = B$ と書きます．
　一般に，2つの行列 A, B を考えます．ただし，行列 A は式 (5.3) で与えられ，行列 B は

$$B = \begin{bmatrix} b_{11} & b_{12} & \cdots & b_{1m} \\ b_{21} & b_{22} & \cdots & b_{2m} \\ \cdots & \cdots & \cdots & \cdots \\ b_{n1} & b_{n2} & \cdots & b_{nm} \end{bmatrix} \tag{5.9}$$

5.3 行列の和と積

で与えられるものとします．ここで

$$a_{ij} = b_{ij}, \quad i = 1, 2, \cdots, n, \ j = 1, 2, \cdots, m \tag{5.10}$$

が成立するとき

$$A = B \tag{5.11}$$

と書き，A, B は等しいといいます．A, B の大きさが同じであっても，式 (5.10) が成立しなければ，A, B は等しくないといって，$A \neq B$ と書きます．

5.3.2 行列の和

次式で与えられるような2つの行列 A, B を考えます．

$$A = \begin{bmatrix} 1 & 2 & 3 \\ 4 & 5 & 6 \\ 7 & 8 & 9 \end{bmatrix}, \quad B = \begin{bmatrix} 7 & 8 & 9 \\ 6 & 5 & 4 \\ 1 & 2 & 3 \end{bmatrix}$$

このとき，A, B の和は

$$A + B = \begin{bmatrix} 1+7 & 2+8 & 3+9 \\ 4+6 & 5+5 & 6+4 \\ 7+1 & 8+2 & 9+3 \end{bmatrix} = \begin{bmatrix} 8 & 10 & 12 \\ 10 & 10 & 10 \\ 8 & 10 & 12 \end{bmatrix}$$

のようになります．ここでも，この例から法則を推測して下さい．

2つの行列の和を計算するには，その2つの行列が同じ大きさであることが条件になります．一般に，行列 A は式 (5.3) で与えられ，行列 B が式 (5.9) で与えられるとき，その和は

$$A + B = \begin{bmatrix} a_{11} + b_{11} & a_{12} + b_{12} & \cdots & a_{1m} + b_{1m} \\ a_{21} + b_{21} & a_{22} + b_{22} & \cdots & a_{2m} + b_{2m} \\ \cdots & \cdots & \cdots & \cdots \\ a_{n1} + b_{n1} & a_{n2} + b_{n2} & \cdots & a_{nm} + b_{nm} \end{bmatrix} \tag{5.12}$$

で定義されます．

> **例題 5.8** 次の行列の和を求めよ.
> $$A = \begin{bmatrix} 1 & 2 & 3 & 4 \\ 5 & 6 & 7 & 8 \\ 9 & 10 & 11 & 12 \end{bmatrix}, \quad B = \begin{bmatrix} 12 & 11 & 10 & 9 \\ 5 & 6 & 7 & 8 \\ 4 & 3 & 2 & 1 \end{bmatrix}$$
>
> [解説]
> $$A + B = \begin{bmatrix} 13 & 13 & 13 & 13 \\ 10 & 12 & 14 & 16 \\ 13 & 13 & 13 & 13 \end{bmatrix}$$
>
> である.　　　(^-^)

　2つの行列の和が定義されれば，3つ以上の行列の和は簡単に計算できるようになります．例えば同じ大きさの3つの行列 A, B, C の和を求めたいとき，これらと同じ大きさの行列 X を考え

$$X = A + B$$

とおくと

$$A + B + C = X + C$$

となり，3つの行列 A, B, C の和は，2つの行列 X と C の和に帰着させることができます．

　上に説明したことは，3つ以上の行列の和を計算する場合，ただ単に対応する要素同士を足し合わせればよいことを意味しています．これは直感的にも理解しやすく，5.2の説明で用いた林檎，蜜柑，梨の生産量の例題でも用いています．

5.3.3 行列のスカラー倍

次式で与えられるような行列 A に対して

$$A = \begin{bmatrix} 1 & 2 & 3 \\ 4 & 5 & 6 \\ 7 & 8 & 9 \end{bmatrix}$$

定数 3 をかけると

$$3 \times A = \begin{bmatrix} 3\times1 & 3\times2 & 3\times3 \\ 3\times4 & 3\times5 & 3\times6 \\ 3\times7 & 3\times8 & 3\times9 \end{bmatrix} = \begin{bmatrix} 3 & 6 & 9 \\ 12 & 15 & 18 \\ 21 & 24 & 27 \end{bmatrix}$$

が成立します.

一般に,行列 A を任意の定数(スカラー)k 倍したものは

$$kA = \begin{bmatrix} ka_{11} & ka_{12} & \cdots & ka_{1m} \\ ka_{21} & ka_{22} & \cdots & ka_{2m} \\ \cdots & \cdots & \cdots & \cdots \\ ka_{n1} & ka_{n2} & \cdots & ka_{nm} \end{bmatrix} \tag{5.13}$$

で定義されます.

式 (5.13) で $k = -1$ とすれば,式 (5.12) と組み合わせて行列の差を表すことができます.以下にその説明をしましょう.

式 (5.9) の B を -1 倍すると

$$(-1)B = \begin{bmatrix} -b_{11} & -b_{12} & \cdots & -b_{1m} \\ -b_{21} & -b_{22} & \cdots & -b_{2m} \\ \cdots & \cdots & \cdots & \cdots \\ -b_{n1} & -b_{n2} & \cdots & -b_{nm} \end{bmatrix}$$

が得られます.これを $-B$ のように書くこととすれば,行列 A と,$-B$ の和を求めることにより

$$A + (-B) = \begin{bmatrix} a_{11}-b_{11} & a_{12}-b_{12} & \cdots & a_{1m}-b_{1m} \\ a_{21}-b_{21} & a_{22}-b_{22} & \cdots & a_{2m}-b_{2m} \\ \cdots & \cdots & \cdots & \cdots \\ a_{n1}-b_{n1} & a_{n2}-b_{n2} & \cdots & a_{nm}-b_{nm} \end{bmatrix}$$

となります．よって，$A+(-B)$ のことを $A-B$ のように表すことにすれば，行列の差を，我々に馴染み深いスカラーの差と同様の形式で表現できます．

例題 5.9 次の行列の差を求めよ．
$$A = \begin{bmatrix} 1 & 2 & 3 & 4 \\ 5 & 6 & 7 & 8 \\ 9 & 10 & 11 & 12 \end{bmatrix}, \quad B = \begin{bmatrix} 12 & 11 & 10 & 9 \\ 5 & 6 & 7 & 8 \\ 4 & 3 & 2 & 1 \end{bmatrix}$$

[解説]
$$A - B = \begin{bmatrix} -11 & -9 & -7 & -5 \\ 0 & 0 & 0 & 0 \\ 5 & 7 & 9 & 11 \end{bmatrix}$$

である．　　　(^-^.)

以上で，四則演算の和と差が定義できました．次に積について説明します．

5.3.4　行列の積

2つの行列 A と B が図 5.1 に示すような大きさをもつとき，行列 A と B の積[1]を計算することができます．積の計算結果も一般に行列となり，その大きさも図 5.1 に示すとおりです．この関係をまず頭にたたき込んで下さい．重要なのは

- 最初の行列 A の行の大きささ（横の長さ）と，次の行列 B の列の大きさ（縦の長さ）が同じである．

- 計算結果である行列の列の大きさは，行列 A のそれに同じであり，計算結果である行列の行の大きさは，行列 B のそれに同じである．

の2つです．

---
[1] 行列の積を表すときにも，スカラーの場合と同様，積を表す記号 × を省略することができます．つまり，A と B の積を AB と書いても構いません．

5.3 行列の和と積

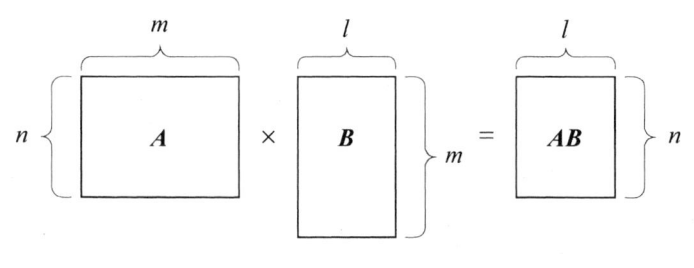

図 5.1: 行列の積

例として次のような行列を考えましょう．

$$A = \begin{bmatrix} 1 & 2 & 3 & 4 \\ 5 & 6 & 7 & 8 \\ 4 & 3 & 2 & 1 \end{bmatrix}, \quad B = \begin{bmatrix} 1 & 0 \\ 0 & 2 \\ 1 & 2 \\ 2 & 0 \end{bmatrix}$$

なお，行列 A, B の大きさは次のとおりです．

$$A \in R^{3 \times 4}, \quad B \in R^{4 \times 2}$$

行列 A, B の積である AB も行列であり，その大きさは

$$AB \in R^{3 \times 2}$$

となります．

次に，行列 A, B の積である AB は，どのようにして計算されるのかを見てみましょう．

$$AB = \begin{bmatrix} 1 \times 1 + 2 \times 0 + 3 \times 1 + 4 \times 2 & 1 \times 0 + 2 \times 2 + 3 \times 2 + 4 \times 0 \\ 5 \times 1 + 6 \times 0 + 7 \times 1 + 8 \times 2 & 5 \times 0 + 6 \times 2 + 7 \times 2 + 8 \times 0 \\ 4 \times 1 + 3 \times 0 + 2 \times 1 + 1 \times 2 & 4 \times 0 + 3 \times 2 + 2 \times 2 + 1 \times 0 \end{bmatrix}$$

$$= \begin{bmatrix} 12 & 10 \\ 28 & 26 \\ 8 & 10 \end{bmatrix}$$

何か法則がつかめましたか？

言葉で説明すると次のようになります．

$(AB$ の第 1 行，第 1 列$)$

$= (A$ の第 1 行，第 1 列$) \times (B$ の第 1 行，第 1 列$)$

$+ (A$ の第 1 行，第 2 列$) \times (B$ の第 2 行，第 1 列$)$

$+ (A$ の第 1 行，第 3 列$) \times (B$ の第 3 行，第 1 列$)$

$+ (A$ の第 1 行，第 4 列$) \times (B$ の第 4 行，第 1 列$)$

$(AB$ の第 1 行，第 2 列$)$

$= (A$ の第 1 行，第 1 列$) \times (B$ の第 1 行，第 2 列$)$

$+ (A$ の第 1 行，第 2 列$) \times (B$ の第 2 行，第 2 列$)$

$+ (A$ の第 1 行，第 3 列$) \times (B$ の第 3 行，第 2 列$)$

$+ (A$ の第 1 行，第 4 列$) \times (B$ の第 4 行，第 2 列$)$

$(AB$ の第 2 行，第 1 列$)$

$= (A$ の第 2 行，第 1 列$) \times (B$ の第 1 行，第 1 列$)$

$+ (A$ の第 2 行，第 2 列$) \times (B$ の第 2 行，第 1 列$)$

$+ (A$ の第 2 行，第 3 列$) \times (B$ の第 3 行，第 1 列$)$

$+ (A$ の第 2 行，第 4 列$) \times (B$ の第 4 行，第 1 列$)$

$(AB$ の第 2 行，第 2 列$)$

$= (A$ の第 2 行，第 1 列$) \times (B$ の第 1 行，第 2 列$)$

5.3 行列の和と積

$+ (\boldsymbol{A}\text{の第}2\text{行},\ \text{第}2\text{列}) \times (\boldsymbol{B}\text{の第}2\text{行},\ \text{第}2\text{列})$

$+ (\boldsymbol{A}\text{の第}2\text{行},\ \text{第}3\text{列}) \times (\boldsymbol{B}\text{の第}3\text{行},\ \text{第}2\text{列})$

$+ (\boldsymbol{A}\text{の第}2\text{行},\ \text{第}4\text{列}) \times (\boldsymbol{B}\text{の第}4\text{行},\ \text{第}2\text{列})$

$(\boldsymbol{AB}\text{の第}3\text{行},\ \text{第}1\text{列})$

$= (\boldsymbol{A}\text{の第}3\text{行},\ \text{第}1\text{列}) \times (\boldsymbol{B}\text{の第}1\text{行},\ \text{第}1\text{列})$

$+ (\boldsymbol{A}\text{の第}3\text{行},\ \text{第}2\text{列}) \times (\boldsymbol{B}\text{の第}2\text{行},\ \text{第}1\text{列})$

$+ (\boldsymbol{A}\text{の第}3\text{行},\ \text{第}3\text{列}) \times (\boldsymbol{B}\text{の第}3\text{行},\ \text{第}1\text{列})$

$+ (\boldsymbol{A}\text{の第}3\text{行},\ \text{第}4\text{列}) \times (\boldsymbol{B}\text{の第}4\text{行},\ \text{第}1\text{列})$

$(\boldsymbol{AB}\text{の第}3\text{行},\ \text{第}2\text{列})$

$= (\boldsymbol{A}\text{の第}3\text{行},\ \text{第}1\text{列}) \times (\boldsymbol{B}\text{の第}1\text{行},\ \text{第}2\text{列})$

$+ (\boldsymbol{A}\text{の第}3\text{行},\ \text{第}2\text{列}) \times (\boldsymbol{B}\text{の第}2\text{行},\ \text{第}2\text{列})$

$+ (\boldsymbol{A}\text{の第}3\text{行},\ \text{第}3\text{列}) \times (\boldsymbol{B}\text{の第}3\text{行},\ \text{第}2\text{列})$

$+ (\boldsymbol{A}\text{の第}3\text{行},\ \text{第}4\text{列}) \times (\boldsymbol{B}\text{の第}4\text{行},\ \text{第}2\text{列})$

どうでしょうか? 法則がつかめたでしょうか?

ところで,上に示した簡単な例でさえ,このように,大変大きなスペースを使っていますね.数学で記号を使う理由の1つがここにあります.練習のため,上に言葉を使って書いた数式を,**和の記号**$\sum$を使って書いてみましょう.

$(\boldsymbol{AB}\text{の第}1\text{行},\ \text{第}1\text{列})$

$= \sum_{k=1}^{4} (\boldsymbol{A}\text{の第}1\text{行},\ \text{第}k\text{列}) \times (\boldsymbol{B}\text{の第}k\text{行},\ \text{第}1\text{列})$

(ABの第1行, 第2列)

$$= \sum_{k=1}^{4} (A\text{の第}1\text{行},\ \text{第}k\text{列}) \times (B\text{の第}k\text{行},\ \text{第}2\text{列})$$

(ABの第2行, 第1列)

$$= \sum_{k=1}^{4} (A\text{の第}2\text{行},\ \text{第}k\text{列}) \times (B\text{の第}k\text{行},\ \text{第}1\text{列})$$

(ABの第2行, 第2列)

$$= \sum_{k=1}^{4} (A\text{の第}2\text{行},\ \text{第}k\text{列}) \times (B\text{の第}k\text{行},\ \text{第}2\text{列})$$

(ABの第3行, 第1列)

$$= \sum_{k=1}^{4} (A\text{の第}3\text{行},\ \text{第}k\text{列}) \times (B\text{の第}k\text{行},\ \text{第}1\text{列})$$

(ABの第3行, 第2列)

$$= \sum_{k=1}^{4} (A\text{の第}3\text{行},\ \text{第}k\text{列}) \times (B\text{の第}k\text{行},\ \text{第}2\text{列})$$

のように，必要なスペースが一気に小さくなりましたね．でも，まだ小さくできます．

(ABの第i行, 第j列)

$$= \sum_{k=1}^{4} (A\text{の第}i\text{行},\ \text{第}k\text{列}) \times (B\text{の第}k\text{行},\ \text{第}j\text{列}), \quad (5.14)$$

$$i = 1, 2, 3,\ j = 1, 2$$

と書けばよいのです．

5.3 行列の和と積

記号を使ってより一般的に説明すると，次のようになります．$R^{n \times m}$ の行列 A と $R^{m \times l}$ なる行列 B が

$$A = \begin{bmatrix} a_{11} & a_{12} & \cdots & a_{1m} \\ a_{21} & a_{22} & \cdots & a_{2m} \\ \cdots & \cdots & \cdots & \cdots \\ a_{n1} & a_{n2} & \cdots & a_{nm} \end{bmatrix} \tag{5.15}$$

$$B = \begin{bmatrix} b_{11} & b_{12} & \cdots & b_{1l} \\ b_{21} & b_{22} & \cdots & b_{2l} \\ \cdots & \cdots & \cdots & \cdots \\ b_{m1} & b_{m2} & \cdots & b_{ml} \end{bmatrix} \tag{5.16}$$

で与えられるとき（行列 A の横の大きさと行列 B の縦の大きさが一致していることに注意），これらの積 AB は

$$AB = \begin{bmatrix} \sum_{j=1}^{m} a_{1j}b_{j1} & \sum_{j=1}^{m} a_{1j}b_{j2} & \cdots & \sum_{j=1}^{m} a_{1j}b_{jl} \\ \sum_{j=1}^{m} a_{2j}b_{j1} & \sum_{j=1}^{m} a_{2j}b_{j2} & \cdots & \sum_{j=1}^{m} a_{2j}b_{jl} \\ \cdots & \cdots & \cdots & \cdots \\ \sum_{j=1}^{m} a_{nj}b_{j1} & \sum_{j=1}^{m} a_{nj}b_{j2} & \cdots & \sum_{j=1}^{m} a_{nj}b_{jl} \end{bmatrix} \tag{5.17}$$

で定義されます．ここで，積 AB も行列であり，その大きさは $R^{n \times l}$ であることに注意しましょう．図5.1でもう一度確認して下さい．

例題を用いて説明しましょう．

例題 5.10

$$A = \begin{bmatrix} 1 & 2 & 3 & 4 \\ 4 & 3 & 2 & 1 \end{bmatrix}, \qquad B = \begin{bmatrix} 0 & 1 & 0 \\ 1 & 0 & 1 \\ 0 & 1 & 0 \\ 1 & 0 & 1 \end{bmatrix}$$

のとき，AB を求めよ．

[解説]
　行列 A の大きさが $R^{2 \times 4}$ であり，行列 B の大きさは $R^{4 \times 3}$ である．行列 A の横の大きさと，行列 B の縦の大きさが一致しているので，積 AB を求めることができる．また，積 AB の大きさは $R^{2 \times 3}$ である．

定義に従って積 AB を計算すると

$$\begin{bmatrix} 1 & 2 & 3 & 4 \\ 4 & 3 & 2 & 1 \end{bmatrix} \begin{bmatrix} 0 & 1 & 0 \\ 1 & 0 & 1 \\ 0 & 1 & 0 \\ 1 & 0 & 1 \end{bmatrix} = \begin{bmatrix} 6 & 4 & 6 \\ 4 & 6 & 4 \end{bmatrix}$$

となる.　　(8_8)

例題 5.11

$$A = \begin{bmatrix} 1 & 2 & 3 \\ 4 & 5 & 6 \\ 7 & 8 & 9 \end{bmatrix}, \quad B = \begin{bmatrix} 1 & 0 & 0 \\ 0 & 0 & 1 \\ 0 & 1 & 0 \end{bmatrix}$$

のとき, AB および BA を求めよ.

[解説]

$$AB = \begin{bmatrix} 1 & 2 & 3 \\ 4 & 5 & 6 \\ 7 & 8 & 9 \end{bmatrix} \begin{bmatrix} 1 & 0 & 0 \\ 0 & 0 & 1 \\ 0 & 1 & 0 \end{bmatrix} = \begin{bmatrix} 1 & 3 & 2 \\ 4 & 6 & 5 \\ 7 & 9 & 8 \end{bmatrix}$$

$$BA = \begin{bmatrix} 1 & 0 & 0 \\ 0 & 0 & 1 \\ 0 & 1 & 0 \end{bmatrix} \begin{bmatrix} 1 & 2 & 3 \\ 4 & 5 & 6 \\ 7 & 8 & 9 \end{bmatrix} = \begin{bmatrix} 1 & 2 & 3 \\ 7 & 8 & 9 \\ 4 & 5 & 6 \end{bmatrix}$$

である.　　(T_T)

例題5.11で重要なことは, 一般に $AB \neq BA$ となることです. スカラーの積では, $ab = ba$ が成り立ちますが, 行列の積ではそのような関係は成立しません.

以上が行列の積です. この考え方を修得しておけば, パーソナルコンピュータで**表計算ソフト**[2]を利用する際にも, いろいろな局面で役立ちます.

---
[2]例えば, Microsoft Excel など.

これで，行列の1つの山場である積が終わりました．行列では，添字を2種類使用するので，ちょっと頭が痛くなったかも知れません．しかし，式(5.14) あるいは (5.17) が分かった人は，これら2種類の添字を十分に使いこなせていますので，本書の目的である数学コミュニケーションができています．

5.4 行列の演算

5.4.1 行列の演算

これまでに定義した行列の和，積には次のような性質があります．

(1) $A + B = B + A$　　（交換法則）

(2) 一般に，$AB \neq BA$ である．

(3) $(A + B) + C = A + (B + C)$　　（和の結合法則）

(4) $(AB)C = A(BC)$　　（積の結合法則）

(5) $A(B + C) = AB + AC$　　（分配法則）

上の (2) は例題 5.11 で確認したとおりです．

5.4.2 単位行列

対角要素がすべて1であり，その他の要素はすべて0であるような正方行列を**単位行列**と呼び，I で表します．すなわち

$$I = \begin{bmatrix} 1 & 0 & \cdots & 0 \\ 0 & 1 & \cdots & 0 \\ \cdots & \cdots & \cdots & \cdots \\ 0 & 0 & \cdots & 1 \end{bmatrix}$$

です．

単位行列 I は

$$IA = AI = A \tag{5.18}$$

を満足します.

スカラーにおける積の演算では

$$a \times 1 = 1 \times a = a$$

が成立し，このような性質を満たす 1 のことを，積に関する**単位元**[3]と呼びます．単位行列 I は，行列に関する積演算において，スカラーの積に関する単位元と同じ役割を果たしています．

例題 5.12 次の行列 A に対して，式 (5.18) が成り立つことを確認せよ．

$$A = \begin{bmatrix} 1 & 2 & 3 \\ 4 & 5 & 6 \\ 7 & 8 & 9 \end{bmatrix}$$

[解説]

$$AI = \begin{bmatrix} 1 & 2 & 3 \\ 4 & 5 & 6 \\ 7 & 8 & 9 \end{bmatrix} \begin{bmatrix} 1 & 0 & 0 \\ 0 & 1 & 0 \\ 0 & 0 & 1 \end{bmatrix} = \begin{bmatrix} 1 & 2 & 3 \\ 4 & 5 & 6 \\ 7 & 8 & 9 \end{bmatrix}$$

$$IA = \begin{bmatrix} 1 & 0 & 0 \\ 0 & 1 & 0 \\ 0 & 0 & 1 \end{bmatrix} \begin{bmatrix} 1 & 2 & 3 \\ 4 & 5 & 6 \\ 7 & 8 & 9 \end{bmatrix} = \begin{bmatrix} 1 & 2 & 3 \\ 4 & 5 & 6 \\ 7 & 8 & 9 \end{bmatrix}$$

である． (^-^)

上の例題で見たように，単位行列 I の大きさは，問題となっている行列の大きさと同じになるように適当に決めればよいのです．

---

[3] スカラーにおける和の演算では

$$a + 0 = 0 + a = a$$

より，0 が単位元です．

5.5 連立方程式と基本操作

これまでに，行列の積について説明してきました．ここでは，行列の積の概念を用いて，連立方程式及びその解法について解説します．

5.5.1 連立方程式

例題を用いて説明しましょう．

例題 5.13 次の3元連立方程式を解け．

$$
\begin{array}{rrrrrl}
 & y & + & z & = & 2 \quad (1) \\
x & + y & & & = & 3 \quad (2) \\
2x & & + & z & = & \frac{13}{2} \quad (3)
\end{array}
$$

[解説]

問題の連立方程式を解くには，以下のような計算をすることを思い出そう．

(I) 式(1)に最初の変数xの項がないので，式(1)と(2)を入れ替える．

$$
\begin{array}{rrrrrl}
x & + y & & & = & 3 \quad (1)' \\
 & y & + & z & = & 2 \quad (2)' \\
2x & & + & z & = & \frac{13}{2} \quad (3)
\end{array}
$$

(II) 式(3)から式(1)'の2倍を引いて，xを消去する．

$$
\begin{array}{rrrrrl}
x & + y & & & = & 3 \quad (1)' \\
 & y & + & z & = & 2 \quad (2)' \\
 & -2y & + & z & = & \frac{1}{2} \quad (3)'
\end{array}
$$

(III) 次に，(3)′ に (2)′ の 2 倍を加えて，式 (3)′ から変数 y を消去する．

$$\begin{array}{rcrcrcll} x & + & y & & & = & 3 & (1)' \\ & & y & + & z & = & 2 & (2)' \\ & & & & 3z & = & \frac{9}{2} & (3)'' \end{array}$$

以上の結果，式 (3)″ より，$z=\frac{3}{2}$ を得る．さらに，式 (2)′ より，$y=\frac{1}{2}$，式 (1)′ より，$x=\frac{5}{2}$ となり，連立方程式の解は

$$(x,y,z)=\left(\frac{5}{2},\frac{1}{2},\frac{3}{2}\right)$$

である．　(^_^)

5.5.2 基本操作

例題 5.13 に見たように，連立方程式を解くことは，次の 3 種類の操作を繰り返し，連立方程式の構造を徐々に単純なものに変換することに等しいのです．これは，**行列に次の 3 種類の操作を施しても，行列自身のもつ情報は，本質的には変化しない**ことを意味しています[4]．

(I) 行を適当に入れ替える．

(II) 行に適当な数値 $k \neq 0$ をかける．

(III) ある行に他の行を加える．

上の 3 種類の操作を**行列の基本操作**といいます．

[4] このことを厳密に理解することは本書の目的から逸脱するので，ここでは触れません．

5.6 逆行列

5.6.1 逆行列

正方行列 A に対して

$$AX = XA = I \tag{5.19}$$

を満足するような正方行列 X を，A の**逆行列**といい，A^{-1} のように書きます．また，逆行列が存在するような行列のことを**正則**であるといいます．

スカラーの演算では，$a \neq 0$ のとき

$$a \times \frac{1}{a} = \frac{1}{a} \times a = 1$$

が成立します．ただし，最右辺の1は，スカラーの積演算における単位元という意味で用いています．このとき，$\frac{1}{a}$ を，スカラーの積演算における a の**逆元**といい[5]，b に a の逆元をかけることは，b を a で割ることと同じです．

式 (5.19) に定義したような性質をもつ逆行列は，スカラーの積演算における逆元に対応することがわかります．そして，この逆行列を求めることは，スカラーの四則演算でいう商，すなわち割り算に深く関係していることが，後にわかります．

5.6.2 掃き出し法

逆行列を求める代表的な方法の1つに**掃き出し法**があります．掃き出し法は，前述の基本操作を繰り返すことで逆行列を求める方法です．ここでは，例題を用いてこの掃き出し法について説明しましょう．

---

[5]スカラーでの和における単位元は 0 でした．和における a の逆元は

$$a + (-a) = 0$$

より，$-a$ です．

例題 5.14 次の行列の逆行列を求めよ．

$$A = \begin{bmatrix} 2 & 1 & 0 \\ 1 & 2 & 1 \\ 0 & 1 & 1 \end{bmatrix}$$

[解説]
(1) 掃き出し法は，問題となる行列 A の右側にそれと同じ大きさの単位行列をつけ加えて，次のような行列を作成することから始まる．

$$\begin{bmatrix} 2 & 1 & 0 & 1 & 0 & 0 \\ 1 & 2 & 1 & 0 & 1 & 0 \\ 0 & 1 & 1 & 0 & 0 & 1 \end{bmatrix}$$

(2) 次に，第1行全体を a_{11}(この場合は 2) で割る．すると，次のような結果が得られる．

$$\begin{bmatrix} 1 & 1/2 & 0 & 1/2 & 0 & 0 \\ 1 & 2 & 1 & 0 & 1 & 0 \\ 0 & 1 & 1 & 0 & 0 & 1 \end{bmatrix}$$

(3) 第2行から第1行を引く(第2行，第1列を0にするため)．その結果は次のとおりである．

$$\begin{bmatrix} 1 & 1/2 & 0 & 1/2 & 0 & 0 \\ 0 & 3/2 & 1 & -1/2 & 1 & 0 \\ 0 & 1 & 1 & 0 & 0 & 1 \end{bmatrix}$$

なお，この場合3行1列は最初から0であるので，何もしなくてよいが，もし0でなければ，第3行から第1行を a_{13} 倍して引くことになる．この結果，第1列では，第1行，第1列 a_{11} 以外が0になった．
(4) 次に，第2行全体を a_{22}(この場合は3/2) で割る．

$$\begin{bmatrix} 1 & 1/2 & 0 & 1/2 & 0 & 0 \\ 0 & 1 & 2/3 & -1/3 & 2/3 & 0 \\ 0 & 1 & 1 & 0 & 0 & 1 \end{bmatrix}$$

5.6 逆行列

(5) 第2行全体に1/2をかけて，第1行から引く(第1行，第2列を0にするため)．

$$\begin{bmatrix} 1 & 0 & -1/3 & 2/3 & -1/3 & 0 \\ 0 & 1 & 2/3 & -1/3 & 2/3 & 0 \\ 0 & 1 & 1 & 0 & 0 & 1 \end{bmatrix}$$

(6) 第2行全体を，第3行から引く(第3行，第2列を0にするため)．

$$\begin{bmatrix} 1 & 0 & -1/3 & 2/3 & -1/3 & 0 \\ 0 & 1 & 2/3 & -1/3 & 2/3 & 0 \\ 0 & 0 & 1/3 & 1/3 & -2/3 & 1 \end{bmatrix}$$

この結果，第2列では，第2行，第2列 a_{22} を除いて他は0になった．

(7) 第3行全体を a_{33} (この場合は1/3)で割る．

$$\begin{bmatrix} 1 & 0 & -1/3 & 2/3 & -1/3 & 0 \\ 0 & 1 & 2/3 & -1/3 & 2/3 & 0 \\ 0 & 0 & 1 & 1 & -2 & 3 \end{bmatrix}$$

(8) 第3行全体に(-1/3)をかけて，第1行から引く(第1行，第3列を0にするため)．

$$\begin{bmatrix} 1 & 0 & 0 & 1 & -1 & 1 \\ 0 & 1 & 2/3 & -1/3 & 2/3 & 0 \\ 0 & 0 & 1 & 1 & -2 & 3 \end{bmatrix}$$

(9) 第3行全体に2/3をかけて，第2行から引く(第2行，第3列を0にするため)．

$$\begin{bmatrix} 1 & 0 & 0 & 1 & -1 & 1 \\ 0 & 1 & 0 & -1 & 2 & -2 \\ 0 & 0 & 1 & 1 & -2 & 3 \end{bmatrix}$$

この結果，第3列では，第3行，第3列 a_{33} を除いて他が0となった．

以上のような操作を行ったとき，元の行列の部分が単位行列となっている．このとき，元の行列 A につけ加えた部分が，A の逆行列 A^{-1} である．この場合には

$$A^{-1} = \begin{bmatrix} 1 & -1 & 1 \\ -1 & 2 & -2 \\ 1 & -2 & 3 \end{bmatrix}$$

である． \(σ_σ)/

もう1つの例題を見てみましょう．

例題 5.15 次の行列の逆行列を求めよ．

$$A = \begin{bmatrix} 0 & 1 & 1 \\ 1 & 1 & 0 \\ 2 & 0 & 1 \end{bmatrix}$$

[解説]
(1) 右側に同じ大きさの単位行列を付け加える．

$$\begin{bmatrix} 0 & 1 & 1 & 1 & 0 & 0 \\ 1 & 1 & 0 & 0 & 1 & 0 \\ 2 & 0 & 1 & 0 & 0 & 1 \end{bmatrix}$$

(2) 第1行，第1列 a_{11} が0であるので，第1行と第2行を入れ替える．

$$\begin{bmatrix} 1 & 1 & 0 & 0 & 1 & 0 \\ 0 & 1 & 1 & 1 & 0 & 0 \\ 2 & 0 & 1 & 0 & 0 & 1 \end{bmatrix}$$

(3) 通常は第1行，第1列 a_{11} を1にするために，それを a_{11} で割る．しかし，この場合には $a_{11} = 1$ であるので，その必要はない．

$$\begin{bmatrix} \mathbf{1} & 1 & 0 & 0 & 1 & 0 \\ 0 & 1 & 1 & 1 & 0 & 0 \\ 2 & 0 & 1 & 0 & 0 & 1 \end{bmatrix}$$

5.6 逆行列

(4) 通常は第2行, 第1列 a_{21} を0にするために, 第1行全体を a_{21} 倍して, それを第2行から引く. しかし, この場合には $a_{21} = 0$ であるので, その必要はない.

$$\begin{bmatrix} \mathbf{1} & 1 & 0 & 0 & 1 & 0 \\ \mathbf{0} & 1 & 1 & 1 & 0 & 0 \\ 2 & 0 & 1 & 0 & 0 & 1 \end{bmatrix}$$

(5) 第3行, 第1列 a_{31} を0にするために, 第1行全体を $a_{31} = 2$ 倍して, それを第3行から引く. これで, 第1列の要素は a_{11} を除いてすべて0となった.

$$\begin{bmatrix} \mathbf{1} & 1 & 0 & 0 & 1 & 0 \\ \mathbf{0} & 1 & 1 & 1 & 0 & 0 \\ \mathbf{0} & -2 & 1 & 0 & -2 & 1 \end{bmatrix}$$

(6) 第2行, 第2列 a_{22} を1にするために, 第2行全体を a_{22} で割る. しかし, ここでは $a_{22} = 1$ であるので, その必要はない.

$$\begin{bmatrix} \mathbf{1} & 1 & 0 & 0 & 1 & 0 \\ \mathbf{0} & \mathbf{1} & 1 & 1 & 0 & 0 \\ \mathbf{0} & -2 & 1 & 0 & -2 & 1 \end{bmatrix}$$

(7) 第1行, 第2列 a_{12} を0にするために, 第2行全体を $a_{12} = 1$ 倍して, 第1行から引く.

$$\begin{bmatrix} \mathbf{1} & \mathbf{0} & -1 & -1 & 1 & 0 \\ \mathbf{0} & \mathbf{1} & 1 & 1 & 0 & 0 \\ \mathbf{0} & -2 & 1 & 0 & -2 & 1 \end{bmatrix}$$

(8) 第3行, 第2列 a_{32} を0にするために, 第2行全体を $a_{32} = -2$ 倍して, 第3行から引く. これで, 第2列の要素は a_{22} を除いてすべて0となった.

$$\begin{bmatrix} \mathbf{1} & \mathbf{0} & -1 & -1 & 1 & 0 \\ \mathbf{0} & \mathbf{1} & 1 & 1 & 0 & 0 \\ \mathbf{0} & \mathbf{0} & 3 & 2 & -2 & 1 \end{bmatrix}$$

(9) 第3行, 第3列 a_{33} を1にするために, 第3行全体を $a_{33} = 3$ で割る.

$$\begin{bmatrix} 1 & 0 & -1 & -1 & 1 & 0 \\ 0 & 1 & 1 & 1 & 0 & 0 \\ 0 & 0 & 1 & 2/3 & -2/3 & 1/3 \end{bmatrix}$$

(10) 第1行, 第3列 a_{13} を0にするために, 第3行全体を $a_{13} = -1$ 倍して, 第1行から引く.

$$\begin{bmatrix} 1 & 0 & 0 & -1/3 & 1/3 & 1/3 \\ 0 & 1 & 1 & 1 & 0 & 0 \\ 0 & 0 & 1 & 2/3 & -2/3 & 1/3 \end{bmatrix}$$

(11) 第2行, 第3列 a_{23} を0にするために, 第3行全体を $a_{23} = 1$ 倍して, 第2行から引く. これで, 第3列の要素は a_{33} を除いてすべて0となった.

$$\begin{bmatrix} 1 & 0 & 0 & -1/3 & 1/3 & 1/3 \\ 0 & 1 & 0 & 1/3 & 2/3 & -1/3 \\ 0 & 0 & 1 & 2/3 & -2/3 & 1/3 \end{bmatrix}$$

以上のような操作の結果, 元の行列の部分が単位行列となった. このとき, 元の行列 A につけ加えた部分が, A の逆行列 A^{-1} である. この場合には

$$A^{-1} = \begin{bmatrix} -1/3 & 1/3 & 1/3 \\ 1/3 & 2/3 & -1/3 \\ 2/3 & -2/3 & 1/3 \end{bmatrix}$$

である.　　　(*^*)V

掃き出し法の手順をまとめると以下のようになります.

(1) 次式を用いて行列 C を作成する. この操作は, 目的の行列の右側に単位行列を付け加えていることになっている.

$$c_{ij} = \begin{cases} a_{ij}, & j = 1, 2, \cdots, n \\ 1, & j = i + n \\ 0, & j \neq i + n \end{cases} \quad i = 1, 2, \cdots, n.$$

5.6 逆行列

(2) $i = 1$.

(3) $c_{ii} = 0$ なら，同じ i 列の他の成分 $c_{(i+1)i}, c_{(i+2)i}, \cdots, c_{ni}$ の中に 0 でないものがあるかどうかを見る．もし 0 でない成分 $c_{ki}(k > i)$ が存在するときには，第 i 行と第 k 行を入れ替える (基本操作 (I))．もし 0 でない成分 $c_{ki}(k > i)$ が存在しない場合には，逆行列は存在しない．

(4) $c_{ij} = c_{ij}/c_{ii}$, $j = 1, 2, \cdots, 2n$ (基本操作 (II)).

(5) $c_{kj} = c_{kj} - c_{ij}c_{ki}$, $k \neq i$, $j = 1, 2, \cdots, 2n$ (基本操作 (II),(III)).

(6) $i = i + 1$ として $i \leq n$ なら (3) へ．$i > n$ なら (7) へ．

(7) 終了．逆行列は次のとおりである．

$$\alpha_{ij} = c_{i(n+j)}, \ i, j = 1, 2, \cdots, n.$$

例題 5.16 次の行列の逆行列を求めよ．

$$A = \begin{bmatrix} 0 & 1 & 1 \\ 1 & 1 & 0 \\ 1 & 0 & 1 \end{bmatrix}$$

[解説]
(1) 行列 A の右側にそれと同じ大きさの単位行列をつけ加え，生成された行列を，以下では $C = \{c_{ij}\}$ と表す．

$$\begin{bmatrix} 0 & 1 & 1 & 1 & 0 & 0 \\ 1 & 1 & 0 & 0 & 1 & 0 \\ 1 & 0 & 1 & 0 & 0 & 1 \end{bmatrix}$$

(2) $i = 1$.
(3) $c_{11} = 0$ であるので，第 1 行と第 2 行を入れ替える (基本操作 (I))．

$$\begin{bmatrix} \mathbf{1} & 1 & 0 & 0 & 1 & 0 \\ 0 & 1 & 1 & 1 & 0 & 0 \\ 1 & 0 & 1 & 0 & 0 & 1 \end{bmatrix}$$

(4) 第 3 行から第 1 行を引く (第 3 行，第 1 列を 0 にするため. 基本操作 (II), (III))．その結果は次のとおりである．

$$\begin{bmatrix} \mathbf{1} & 1 & 0 & 0 & 1 & 0 \\ \mathbf{0} & 1 & 1 & 1 & 0 & 0 \\ \mathbf{0} & -1 & 1 & 0 & -1 & 1 \end{bmatrix}$$

なお，上では第 2 行，第 1 列は最初から 0 であるので，何もしなくてよい．以上の操作で，第 1 列では，第 1 行，第 1 列 c_{11} を除いて他がすべて 0 となった．
(5) $i = i + 1 = 2$.
(6) 第 2 行，第 2 列は最初から 1 である．次に，第 1 行から第 2 行を引く (第 1 行，第 2 列を 0 にするため. 基本操作 (II), (III))．

$$\begin{bmatrix} \mathbf{1} & \mathbf{0} & -1 & -1 & 1 & 0 \\ \mathbf{0} & \mathbf{1} & 1 & 1 & 0 & 0 \\ \mathbf{0} & -1 & 1 & 0 & -1 & 1 \end{bmatrix}$$

(7) 第 3 行に第 2 行を加える (第 3 行，第 2 列を 0 にするため. 基本操作 (III))．

$$\begin{bmatrix} \mathbf{1} & \mathbf{0} & -1 & -1 & 1 & 0 \\ \mathbf{0} & \mathbf{1} & 1 & 1 & 0 & 0 \\ \mathbf{0} & \mathbf{0} & 2 & 1 & -1 & 1 \end{bmatrix}$$

この結果，第 2 列では，第 2 行，第 2 列 c_{22} を除いて他は 0 になった．
(8) $i = i + 1 = 3$.

5.6 逆行列

(9) 第3行全体を $c_{33} = 2$ で割る (第3行, 第3列を1にするため. 基本操作 (II)).

$$\begin{bmatrix} 1 & 0 & -1 & -1 & 1 & 0 \\ 0 & 1 & 1 & 1 & 0 & 0 \\ 0 & 0 & 1 & 1/2 & -1/2 & 1/2 \end{bmatrix}$$

(10) 第1行に第3行を加える (第1行, 第3列を0にするため. 基本操作 (III)).

$$\begin{bmatrix} 1 & 0 & 0 & -1/2 & 1/2 & 1/2 \\ 0 & 1 & 1 & 1 & 0 & 0 \\ 0 & 0 & 1 & 1/2 & -1/2 & 1/2 \end{bmatrix}$$

(11) 第2行から第3行を引く (第2行, 第3列を0にするため. 基本操作 (II), (III)).

$$\begin{bmatrix} 1 & 0 & 0 & -1/2 & 1/2 & 1/2 \\ 0 & 1 & 0 & 1/2 & 1/2 & -1/2 \\ 0 & 0 & 1 & 1/2 & -1/2 & 1/2 \end{bmatrix}$$

この結果, 第3列では, 第3行, 第3列 c_{33} を除いて他が0となった.

(12) $i = 4 > n$ なので, 終了.

以上の結果, 逆行列は

$$A^{-1} = \begin{bmatrix} -1/2 & 1/2 & 1/2 \\ 1/2 & 1/2 & -1/2 \\ 1/2 & -1/2 & 1/2 \end{bmatrix}$$

である. (σ_σ)V

例題 5.17 次の行列の逆行列を求めよ. ただし, $a \neq 0$, $ad - bc \neq 0$ である.

$$A = \begin{bmatrix} a & b \\ c & d \end{bmatrix}$$

[解説]
(1) 行列 A の右側にそれと同じ大きさの単位行列をつけ加え，生成された行列を，以下では $C = \{c_{ij}\}$ と表す．
$$\begin{bmatrix} a & b & 1 & 0 \\ c & d & 0 & 1 \end{bmatrix}$$

(2) $i = 1$．
(3) 第1行全体を $c_{11} = a$ で割る (c_{11} を1にするため．基本操作(II))．
$$\begin{bmatrix} 1 & b/a & 1/a & 0 \\ c & d & 0 & 1 \end{bmatrix}$$

(4) 第1行全体に $c_{21} = c$ をかけて，第2行から引く (c_{21} を0にするため．基本操作(II)，(III))．
$$\begin{bmatrix} 1 & b/a & 1/a & 0 \\ 0 & (ad-bc)/a & -c/a & 1 \end{bmatrix}$$

(5) $i = i + 1 = 2$．
(6) 第2行全体を $c_{22} = (ad-bc)/a$ で割る (c_{22} を1にするため．基本操作(II))．
$$\begin{bmatrix} 1 & b/a & 1/a & 0 \\ 0 & 1 & -c/(ad-bc) & a/(ad-bc) \end{bmatrix}$$

(7) 第2行全体に $c_{12} = b/a$ をかけて，第1行から引く (c_{12} を0にするため．基本操作(II)，(III))．
$$\begin{bmatrix} 1 & 0 & d/(ad-bc) & -b(ad-bc) \\ 0 & 1 & -c/(ad-bc) & a/(ad-bc) \end{bmatrix}$$

(8) $i = i + 1 = 3 > 2$ なので，終了．
以上の結果，逆行列は
$$A^{-1} = \frac{1}{ad-bc} \begin{bmatrix} d & -b \\ -c & a \end{bmatrix}$$

5.7 ポイント   93

> である．**この結果は，2行2列の逆行列の公式を与えており，**手計算
> をする際に役立つので，できるなら覚えよう．　　\(σ_σ)V

　道中長かったですが，これで逆行列の計算は終わりです．こんな複雑な計算を必要とする逆行列を一体に何に使うかについては，次章で説明します．実際には，パーソナルコンピュータやその関連ソフトウェアが飛躍的に向上しているので，手計算で逆行列を計算することは少なくなりました．Microsoft Excel[6]のような表計算ソフトを用いると，逆行列はいとも簡単に求められます[7]．この意味では，2×2や3×3の逆行列の計算が，手計算でできれば十分です．

　本書では，これ以上行列について深く掘り下げることをしません．そして，これらをどのように使うかは次章で説明します．ただし，「線形代数」あるいは「線形数学」を勉強すれば，行列についてもっと多くの知識を得ることができますので，興味がある人は挑戦してみて下さい．

5.7　ポイント

> **ポイント 5.1**　　行列の和
>
> $$\begin{bmatrix} a_{11} & a_{12} & a_{13} \\ a_{21} & a_{22} & a_{23} \\ a_{31} & a_{32} & a_{33} \end{bmatrix} + \begin{bmatrix} b_{11} & b_{12} & b_{13} \\ b_{21} & b_{22} & b_{23} \\ b_{31} & b_{32} & b_{33} \end{bmatrix}$$
>
> $$= \begin{bmatrix} a_{11}+b_{11} & a_{12}+b_{12} & a_{13}+b_{13} \\ a_{21}+b_{21} & a_{22}+b_{22} & a_{23}+b_{23} \\ a_{31}+b_{31} & a_{32}+b_{32} & a_{33}+b_{33} \end{bmatrix}$$

---

[6]Microsoft は，米国 Microsoft Corporation の登録商標です．
[7]行列の積についても同様に簡単に求められます．しかし，Microsoft Excel を用いて逆行列を求めたり，2つの行列の積を計算するには，計算結果の行列がどのような大きさになるかに関する知識が必要です．

ポイント 5.2 行列のスカラー倍

$$k \begin{bmatrix} a_{11} & a_{12} & a_{13} \\ a_{21} & a_{22} & a_{23} \\ a_{31} & a_{32} & a_{33} \end{bmatrix} = \begin{bmatrix} ka_{11} & ka_{12} & ka_{13} \\ ka_{21} & ka_{22} & ka_{23} \\ ka_{31} & ka_{32} & ka_{33} \end{bmatrix}$$

ポイント 5.3 行列の差（上の2つのポイントの組合せ）

$$\begin{bmatrix} a_{11} & a_{12} & a_{13} \\ a_{21} & a_{22} & a_{23} \\ a_{31} & a_{32} & a_{33} \end{bmatrix} - \begin{bmatrix} b_{11} & b_{12} & b_{13} \\ b_{21} & b_{22} & b_{23} \\ b_{31} & b_{32} & b_{33} \end{bmatrix}$$

$$= \begin{bmatrix} a_{11} - b_{11} & a_{12} - b_{12} & a_{13} - b_{13} \\ a_{21} - b_{21} & a_{22} - b_{22} & a_{23} - b_{23} \\ a_{31} - b_{31} & a_{32} - b_{32} & a_{33} - b_{33} \end{bmatrix}$$

ポイント 5.4 行列の積

$$\begin{bmatrix} a_{11} & a_{12} & a_{13} \\ a_{21} & a_{22} & a_{23} \end{bmatrix} \begin{bmatrix} b_{11} & b_{12} & b_{13} & b_{14} \\ b_{21} & b_{22} & b_{23} & b_{24} \\ b_{31} & b_{32} & b_{33} & b_{34} \end{bmatrix}$$

$$= \begin{bmatrix} \sum_{k=1}^{3} a_{1k}b_{k1} & \sum_{k=1}^{3} a_{1k}b_{k2} & \sum_{k=1}^{3} a_{1k}b_{k3} & \sum_{k=1}^{3} a_{1k}b_{k4} \\ \sum_{k=1}^{3} a_{2k}b_{k1} & \sum_{k=1}^{3} a_{2k}b_{k2} & \sum_{k=1}^{3} a_{2k}b_{k3} & \sum_{k=1}^{3} a_{2k}b_{k4} \end{bmatrix}$$

ポイント 5.5 転置行列

$$A = \begin{bmatrix} a_{11} & a_{12} & a_{13} & a_{14} \\ a_{21} & a_{22} & a_{23} & a_{24} \end{bmatrix}$$

の転置行列 A' は

$$A' = \begin{bmatrix} a_{11} & a_{21} \\ a_{12} & a_{22} \\ a_{13} & a_{23} \\ a_{14} & a_{24} \end{bmatrix}$$

5.7 ポイント

ポイント 5.6 正方行列

$$\begin{bmatrix} a_{11} & a_{12} & \cdots & a_{1n} \\ a_{21} & a_{22} & \cdots & a_{2n} \\ \cdots & \cdots & \cdots & \cdots \\ a_{n1} & a_{n2} & \cdots & a_{nn} \end{bmatrix}$$

$R^{n \times n}$ の行列で,正方形の形をしている.

ポイント 5.7 単位行列

$$I = \begin{bmatrix} 1 & 0 & 0 & \cdots & 0 \\ 0 & 1 & 0 & \cdots & 0 \\ \cdots & \cdots & \cdots & \cdots & \cdots \\ 0 & 0 & \cdots & 1 & 0 \\ 0 & 0 & \cdots & 0 & 1 \end{bmatrix}$$

大きさは,問題の対象となる行列の大きさに合わせる.なお

$$AI = IA = AI$$

を満たす.

ポイント 5.8 逆行列
正方行列 A に対して

$$AX = XA = I$$

を満足するような正方行列 X を A の逆行列といい,A^{-1} と書く.

ポイント 5.9 逆行列の計算方法
複雑なので,ここではまとめ切れません. (￣△￣;)

5.8 演習問題

演習 5.1 次の計算をせよ.

$$\begin{bmatrix} 1 & 2 & 3 & 4 \\ 2 & 3 & 4 & 5 \\ 3 & 4 & 5 & 6 \\ 4 & 5 & 6 & 7 \end{bmatrix} + \begin{bmatrix} 7 & 6 & 5 & 4 \\ 6 & 5 & 4 & 3 \\ 5 & 4 & 3 & 2 \\ 4 & 3 & 2 & 1 \end{bmatrix}$$

演習 5.2 次の計算をせよ.

$$\begin{bmatrix} 1 & 2 & 3 & 4 \\ 2 & 3 & 4 & 5 \\ 3 & 4 & 5 & 6 \\ 4 & 5 & 6 & 7 \end{bmatrix} - \begin{bmatrix} 7 & 6 & 5 & 4 \\ 6 & 5 & 4 & 3 \\ 5 & 4 & 3 & 2 \\ 4 & 3 & 2 & 1 \end{bmatrix}$$

演習 5.3 次の行列の転置行列を求めよ.

$$(1) \begin{bmatrix} 1 & 2 & 3 \\ 2 & 3 & 4 \\ 3 & 4 & 5 \end{bmatrix} \quad (2) \begin{bmatrix} 0 & 6 & 3 & 10 \\ 2 & 5 & 1 & 0 \\ 3 & 1 & -1 & 5 \\ 4 & 2 & 7 & -2 \end{bmatrix}$$

演習 5.4 次の計算をせよ.

$$(1) \begin{bmatrix} 1 & 2 & 3 \\ 4 & 5 & 6 \\ 7 & 8 & 9 \end{bmatrix} \begin{bmatrix} 0 \\ 0 \\ 1 \end{bmatrix} \quad (2) \begin{bmatrix} 0 & 0 & 1 \\ 0 & 1 & 0 \\ 1 & 0 & 0 \end{bmatrix} \begin{bmatrix} 1 & 2 \\ 4 & 5 \\ 7 & 8 \end{bmatrix}$$

演習 5.5 次の計算をせよ.

$$(1) \begin{bmatrix} 4 & 3 & 2 & 1 \\ 1 & 2 & 3 & 4 \end{bmatrix} \begin{bmatrix} 1 \\ 4 \\ 7 \\ 9 \end{bmatrix} \quad (2) \begin{bmatrix} 1 & 2 \\ 4 & 3 \\ 2 & 1 \end{bmatrix} \begin{bmatrix} 1 & 0 & 1 \\ 1 & 1 & 0 \end{bmatrix}$$

5.8 演習問題

演習 5.6 次の計算をせよ.

(1) $\begin{bmatrix} 1 & 2 & 3 \\ 4 & 5 & 6 \\ 7 & 8 & 9 \end{bmatrix} \begin{bmatrix} 0 & 0 & 1 \\ 0 & 1 & 0 \\ 1 & 0 & 0 \end{bmatrix}$ (2) $\begin{bmatrix} 0 & 0 & 1 \\ 0 & 1 & 0 \\ 1 & 0 & 0 \end{bmatrix} \begin{bmatrix} 1 & 2 & 3 \\ 4 & 5 & 6 \\ 7 & 8 & 9 \end{bmatrix}$

演習 5.7 次の計算をせよ.

(1) $\begin{bmatrix} 1 & 1 & 1 \\ 0 & 1 & 0 \\ 1 & 0 & 1 \end{bmatrix} \begin{bmatrix} 1 & 2 & 3 \\ 2 & 3 & 1 \\ 3 & 2 & 1 \end{bmatrix}$ (2) $\begin{bmatrix} 1 & 2 & 3 \\ 2 & 3 & 1 \\ 3 & 2 & 1 \end{bmatrix} \begin{bmatrix} 1 & 1 & 1 \\ 0 & 1 & 0 \\ 1 & 0 & 1 \end{bmatrix}$

演習 5.8 次式で与えられる行列 A に単位行列をかけて, 式 (5.18) が成立することを確かめよ.

$$A = \begin{bmatrix} 2 & 3 \\ 8 & 5 \end{bmatrix}$$

演習 5.9 次の行列の逆行列を求めよ.

(1) $\begin{bmatrix} 1 & 0 \\ 0 & 1 \end{bmatrix}$ (2) $\begin{bmatrix} 1 & 2 \\ 3 & 4 \end{bmatrix}$

演習 5.10 次の行列の逆行列を求めよ.

(1) $\begin{bmatrix} 0 & 0 & 1 \\ 0 & 1 & 1 \\ 1 & 0 & 0 \end{bmatrix}$ (2) $\begin{bmatrix} 1 & 2 & 1 \\ 2 & 1 & 2 \\ 1 & 0 & 0 \end{bmatrix}$

第6章 行列の応用

6.1 各種集計

ここでは，例題を中心に行列の応用を見ることにします．はじめに，**5.2.1** で挙げたペットボトルのお茶の例題をもう少し一般化しましょう．

あるコンビニエンスストアにおいて，m 種類のペットボトルのお茶 T_1, T_2, $\cdots$, T_m の販売個数を週ごとに n 週間にわたって集計し，その結果を

$$X = \begin{array}{c} \\ \\ \end{array} \begin{array}{cccc} T_1 & T_2 & \cdots & T_m \\ \end{array} \\ \left[\begin{array}{cccc} x_{11} & x_{12} & \cdots & x_{1m} \\ x_{21} & x_{22} & \cdots & x_{2m} \\ \cdots & \cdots & \cdots & \cdots \\ x_{n1} & x_{n2} & \cdots & x_{nm} \end{array} \right] \begin{array}{l} \text{第1週目} \\ \text{第2週目} \\ \\ \text{第} n \text{週目} \end{array}$$

のように，大きさが $R^{n \times m}$ の行列 X で表してみましょう．次に，それぞれのお茶の1本当たりの販売価格を

$$p = \begin{array}{cccc} T_1 & T_2 & \cdots & T_m \end{array} \\ \left(\begin{array}{cccc} p_1 & p_2 & \cdots & p_m \end{array} \right)$$

のように，m 次元の行ベクトル p で表します．このとき，X と p を転置したものの積は

$$Xp' = \left[\begin{array}{cccc} x_{11} & x_{12} & \cdots & x_{1m} \\ x_{21} & x_{22} & \cdots & x_{2m} \\ \cdots & \cdots & \cdots & \cdots \\ x_{n1} & x_{n2} & \cdots & x_{nm} \end{array} \right] \left(\begin{array}{c} p_1 \\ p_2 \\ \cdots \\ p_m \end{array} \right)$$

$$= \begin{pmatrix} x_{11}p_1 + x_{12}p_2 + \cdots + x_{1m}p_m \\ x_{21}p_1 + x_{22}p_2 + \cdots + x_{2m}p_m \\ \cdots \\ x_{n1}p_1 + x_{n2}p_2 + \cdots + x_{nm}p_m \end{pmatrix}$$

$$= \begin{pmatrix} \sum_{k=1}^{m} x_{1k}p_k \\ \sum_{k=1}^{m} x_{2k}p_k \\ \cdots \\ \sum_{k=1}^{m} x_{nk}p_k \end{pmatrix}$$

のとおりです．ここで，$\sum_{k=1}^{m} x_{1k}p_k$ に注目すると，これは第 1 週目におけるお茶全体の総売上高を表しています．また，$\sum_{k=1}^{m} x_{2k}p_k$ は第 2 週目におけるお茶全体の総売上高です．第 3 週目以降の総売上についても同様です．

[注意]
　上に説明したことは非常に便利なように見えますが，実際に上と同じ計算を手計算で行おうとすると，行列やベクトルを使わない場合と全く同じ量の計算を行うことになります．では，一体何が便利なのでしょう．
　今やパーソナルコンピュータが我々の日常生活に深く入り込んでいます．パーソナルコンピュータで手軽に操作できるアプリケーションソフトの中に，**表計算ソフト**があります．Microsoft Excel がその代表例でしょう．このような表計算ソフトには，行列の積や逆行列の計算をはじめとする便利な機能が種々に備わっており，こうした機能を利用すれば，上で説明したような集計はいとも簡単にできるようになります．このような考え方もコミュニケーション数学の特徴の 1 つです．
$(*\hat{\ }*)$V

例題 6.1　あるコンビニエンスストアにおいて，3 種類のペットボトルのお茶 T_1, T_2, T_3 の週ごとの販売個数を 4 週間にわたって集計した．その結果を行列を用いて

6.1 各種集計

$$X = \begin{bmatrix} T_1 & T_2 & T_3 \\ 48 & 25 & 56 \\ 57 & 46 & 68 \\ 52 & 43 & 59 \\ 45 & 30 & 51 \end{bmatrix} \begin{matrix} \text{第1週目} \\ \text{第2週目} \\ \text{第3週目} \\ \text{第4週目} \end{matrix}$$

のように表すこととする．次に

$$P = \begin{bmatrix} \text{販売価格} & \text{1本当たり利益} \\ 150 & 30 \\ 140 & 25 \\ 130 & 20 \end{bmatrix} \begin{matrix} T_1 \\ T_2 \\ T_3 \end{matrix}$$

のように表すこととする．このとき，X と P の積を計算してみよう．

[解説]
 X と P の積を求めると

XP

$= \begin{bmatrix} 48 & 25 & 56 \\ 57 & 46 & 68 \\ 52 & 43 & 59 \\ 45 & 30 & 51 \end{bmatrix} \begin{bmatrix} 150 & 30 \\ 140 & 25 \\ 130 & 20 \end{bmatrix}$

$= \begin{bmatrix} 48 \times 150 + 25 \times 140 + 56 \times 130 & 48 \times 30 + 25 \times 25 + 56 \times 20 \\ 57 \times 150 + 46 \times 140 + 68 \times 130 & 57 \times 30 + 46 \times 25 + 68 \times 20 \\ 52 \times 150 + 43 \times 140 + 59 \times 130 & 52 \times 30 + 43 \times 25 + 59 \times 20 \\ 45 \times 150 + 30 \times 140 + 51 \times 130 & 45 \times 30 + 30 \times 25 + 51 \times 20 \end{bmatrix}$

$= \begin{bmatrix} 17980 & 3185 \\ 23830 & 4220 \\ 21490 & 3815 \\ 17580 & 3120 \end{bmatrix}$

となる．

上の計算で，例えば，$48 \times 150 + 25 \times 140 + 56 \times 130$ は，第1週目における T_1，T_2，T_3 それぞれの販売個数に販売価格をかけたものの和であり，第1週目の T_1，T_2，T_3 の売上高の合計を表している．同様に，$48 \times 30 + 25 \times 25 + 56 \times 20$ は，第1週目における T_1，T_2，T_3 の合計利益を表している．

これらの計算結果から，各週ごとの T_1，T_2，T_3 の売上高，合計利益は，表6.1に示すとおりとなる．　\(*^_^*)/

表6.1: 週ごとの売上高と合計利益

	売上高	合計利益
第1週	17,980円	3,185円
第2週	23,830円	4,220円
第3週	21,490円	3,815円
第4週	17,580円	3,120円

例題 6.2　例題6.1の行列 $\boldsymbol{X}$ の転置行列

$$\boldsymbol{X}' = \begin{bmatrix} 48 & 57 & 52 & 45 \\ 25 & 46 & 43 & 30 \\ 56 & 68 & 59 & 51 \end{bmatrix}$$

を考える．次に，ベクトル，$\boldsymbol{w}$ を

$$\boldsymbol{w} = (1/4,\ 1/4,\ 1/4,\ 1/4)$$

のように定義する．このとき，$\boldsymbol{X}'$ と $\boldsymbol{w}'$ の積を計算してみよう．

[解説]

$\boldsymbol{X}'$ と $\boldsymbol{w}'$ の積を求めると

6.2 連立方程式

$$X'w' = \begin{bmatrix} 48 & 57 & 52 & 45 \\ 25 & 46 & 43 & 30 \\ 56 & 68 & 59 & 51 \end{bmatrix} \begin{pmatrix} 1/4 \\ 1/4 \\ 1/4 \\ 1/4 \end{pmatrix}$$

$$= \begin{pmatrix} 48 \times \frac{1}{4} + 57 \times \frac{1}{4} + 52 \times \frac{1}{4} + 45 \times \frac{1}{4} \\ 25 \times \frac{1}{4} + 46 \times \frac{1}{4} + 43 \times \frac{1}{4} + 30 \times \frac{1}{4} \\ 56 \times \frac{1}{4} + 68 \times \frac{1}{4} + 59 \times \frac{1}{4} + 51 \times \frac{1}{4} \end{pmatrix} = \begin{pmatrix} \frac{48 + 57 + 52 + 45}{4} \\ \frac{25 + 46 + 43 + 30}{4} \\ \frac{56 + 68 + 59 + 51}{4} \end{pmatrix}$$

より

$$X'w' = \begin{pmatrix} 50.5 \\ 36.0 \\ 58.5 \end{pmatrix}$$

となる.

これは，計算結果であるベクトルにおいて，要素の上から順にペットボトルのお茶 T_1, T_2, T_2 の1週間当たりの平均販売個数を表している． \(*'_'*)/

6.2 連立方程式

次のような2元1次連立方程式を考えましょう．

$$\left.\begin{array}{r} x + 2y = 4 \\ 3x + y = 7 \end{array}\right\} \tag{6.1}$$

ここで，行列 A，列ベクトル x, z を次のように定義します．

$$A = \begin{bmatrix} 1 & 2 \\ 3 & 1 \end{bmatrix}, \quad x = \begin{pmatrix} x \\ y \end{pmatrix}, \quad z = \begin{pmatrix} 4 \\ 7 \end{pmatrix} \tag{6.2}$$

ただし，**行列 A は正方行列であること**に注意して下さい．

このとき，式 (6.1) の連立方程式は，式 (6.2) の行列，ベクトルを用いると

$$Ax = z \tag{6.3}$$

のように表現することができます.

一方,A の逆行列 A^{-1} を求めると

$$A^{-1} = \begin{bmatrix} -0.2 & 0.4 \\ 0.6 & -0.2 \end{bmatrix}$$

となります.これを式 (6.3) の左からかけると

$$A^{-1}Ax = A^{-1}z$$

より

$$Ix = A^{-1}z$$

となる.よって

$$x = A^{-1}z \qquad (6.4)$$
$$= \begin{pmatrix} 2 \\ 1 \end{pmatrix}$$

が得られます.これは,式 (6.1) の連立方程式を解いて得られる $x = 2, y = 1$ と同じことを意味しています.つまり,A の逆行列を求め,それを式 (6.3) の右辺に左からかけることにより,連立方程式 (6.1) を解くことができます.そして,式 (6.4) は連立方程式を解いた形になっているので,これを連立方程式の解と呼びます.

例題 6.3 次の連立方程式を列ベクトル,行列を用いて表せ.

$$\left.\begin{array}{rcl} 2x + 2y - z &=& 7 \\ 3x + y + 4z &=& 12 \\ x - y + z &=& 1 \end{array}\right\}$$

[解説]

$$A = \begin{bmatrix} 2 & 2 & -1 \\ 3 & 1 & 4 \\ 1 & -1 & 1 \end{bmatrix}, \quad x = \begin{pmatrix} x \\ y \\ z \end{pmatrix}, \quad z = \begin{pmatrix} 7 \\ 12 \\ 1 \end{pmatrix}$$

6.2 連立方程式

と置くと，問題の連立方程式は，

$$Ax = z$$

と表される． (^-^)v

例題 6.4 例題 6.3 に示した A の逆行列を求め，式 (6.4) を用いて連立方程式の解を求めよ．

[解説]
　A の逆行列を計算すると

$$A^{-1} = \begin{bmatrix} \frac{5}{16} & -\frac{1}{16} & \frac{9}{16} \\ \frac{1}{16} & \frac{3}{16} & -\frac{11}{16} \\ -\frac{1}{4} & \frac{1}{4} & -\frac{1}{4} \end{bmatrix}$$

であるので，連立方程式の解は

$$x = A^{-1}z = \begin{pmatrix} 2 \\ 2 \\ 1 \end{pmatrix}$$

となる．　$(\sigma\_\sigma)_{vvv}V$

[注意]
　上の例題では，行列 A の逆行列が存在しました．しかし，行列 A の逆行列がいつも存在するとは限りません．例えば

$$A = \begin{bmatrix} 1 & 2 \\ 2 & 4 \end{bmatrix}$$

の逆行列は存在しません．元の連立方程式を見てみると

$$\left.\begin{array}{rcl} x + 2y &=& 3 \\ 2x + 4y &=& 6 \end{array}\right\}$$

のようになります．ただし，上式の左辺に注目して下さい．
　この連立方程式の最初の式と 2 番目の式は同じ式であり，この連立方程式の解は**不定**であり，一意に定まりません（連立方程式が解けないのと同じ）．つまり，**逆行列が存在しないことと，連立方程式が解けないことは同じである**ことを意味しています．

6.3　線型モデル

様々な数式モデルが，行列を用いて表現されています．これらを**線型モデル**と呼びます．ここでは，行列の応用として，線型モデルについて説明します．

6.3.1　モデル 1

簡単な例を挙げましょう．商品の需要 y を，広告費 x を用いて

$$y = ax + b \tag{6.5}$$

のように一次式で表した上で，商品の需要を広告費で説明することを考えてみましょう．

式 (6.5) は直線を表しており，a, b の値が定まると，直線が一意に定まります．我々は，広告費 x を種々に変化させることで商品の需要 y を制御することができますが，a, b の値は他の要因によって決定されており，これらの値が定まってはじめて需要の振舞が完全に記述されます．このような a, b を**パラメータ**と呼ぶことについては，第 1 章で説明しました．

式 (6.5) は，最も単純なモデルですが，行列を用いてこれをもう少し複雑にしてみましょう．n 種類の商品の需要を，次式で与えられる列ベクトル $\boldsymbol{y}$

6.3 線型モデル

で表現します．

$$\boldsymbol{y} = \begin{pmatrix} y_1 \\ y_2 \\ \cdot \\ \cdot \\ \cdot \\ y_n \end{pmatrix} \qquad (6.6)$$

次に，複数種類の商品を取り扱った広告を考え，m とおりの広告を考えてみます．この m とおりの広告に費やす費用を，次式のような列ベクトル $\boldsymbol{x}$ を用いて表します．

$$\boldsymbol{x} = \begin{pmatrix} x_1 \\ x_2 \\ \cdot \\ \cdot \\ \cdot \\ x_m \end{pmatrix} \qquad (6.7)$$

このように 2 つのベクトルを定義し，さらに行列 $\boldsymbol{A}$ を

$$\boldsymbol{A} = \begin{bmatrix} a_{11} & a_{12} & \cdots & a_{1m} \\ a_{21} & a_{22} & \cdots & a_{2m} \\ \cdot & \cdots & \cdots & \cdots \\ a_{n1} & a_{n2} & \cdots & a_{nm} \end{bmatrix} \qquad (6.8)$$

のように定義します．ここに，a_{ij} は，商品 i の需要量に対する広告 j の貢献の度合いを表しています．このとき，各商品の需要量は

$$\boldsymbol{y} = \boldsymbol{A}\boldsymbol{x} + \boldsymbol{b} \qquad (6.9)$$

のように表現することができます．ただし

$$\boldsymbol{b} = \begin{pmatrix} b_1 \\ b_2 \\ \cdot \\ \cdot \\ \cdot \\ b_n \end{pmatrix} \qquad (6.10)$$

であり、b_i $(i = 1, 2, \cdots, n)$ は定数です．式 (6.9) は，それぞれの商品の需要量を，m とおりの広告に費やす費用で説明しようとするものです．

式 (6.9) において，x は直接制御可能な変数であり，広告につぎ込む費用を直接制御することで，各商品の需要量を間接的に制御することを考えています．なお，A および b の各要素はパラメータです．

式 (6.9) には多くのパラメータが含まれており，これらの値が過去の経験や多数の実験により定まっている場合に，このようなモデルは有効となります．しかし，一般にはこれだけ多数のパラメータの値が定まっていることは極めて稀と言えるでしょう．

次のモデル 2 では，もう少しパラメータの数が少ないモデルを見てみましょう．

6.3.2 モデル 2

ある銀行の n 個の支店での預金量を

$$y = \begin{pmatrix} y_1 \\ y_2 \\ \cdot \\ \cdot \\ \cdot \\ y_n \end{pmatrix} \tag{6.11}$$

で表します．次に，各支店での従業員数，敷地面積，半径 10Km 以内の人口を，行列 X を用いて

$$X = \begin{bmatrix} x_{11} & x_{12} & x_{13} & 1 \\ x_{21} & x_{22} & x_{23} & 1 \\ \cdots & \cdot & \cdots & \cdots \\ x_{n1} & x_{n2} & x_{n3} & 1 \end{bmatrix} \tag{6.12}$$

6.3 線型モデル

のように表現します．ただし，第4列の1は，当面気にしないで下さい．次に，列ベクトル a を

$$a = \begin{pmatrix} a_1 \\ a_2 \\ a_3 \\ b \end{pmatrix} \tag{6.13}$$

のように定義し，各支店の預金量 y を

$$y = Xa \tag{6.14}$$

のように表現することを考えましょう．式 (6.12) において，第4列がすべて1であるのは，定数項 b を a の中に含めてしまったからです．

支店数が $n = 1$ ならば，式 (6.14) は

$$y_1 = (x_{11},\ x_{12},\ x_{13},\ 1) \begin{pmatrix} a_1 \\ a_2 \\ a_3 \\ b \end{pmatrix} = a_1 x_{11} + a_2 x_{12} + a_3 x_{13} + b$$

となります．式 (6.14) は，各支店における従業員数，敷地面積，半径10Km以内の人口で，預金量を説明しようとしています．式 (6.14) では，変数は X であり，パラメータは a です．式 (6.14) に示したモデルの特徴は，パラメータの数が式 (6.9) に比べてかなり少ないことです．このモデルを用いれば，預金量の少ない支店の預金量を増やしたいとき，従業員数を増やせば良いのか，あるいは敷地を広げる方がよいのか等の指針を得ることができます．

現実にこのモデルを使うには，次のようにします．変数 X のそれぞれの値と，各支店の預金量 y の値については，実際のデータがあります．あとは，パラメータ a の値を知るだけです．このような状況のとき，X と y の値から a の値を知る方法が確立されています．その方法を**重回帰分析**と呼びます．

本書では重回帰分析について詳しくは述べませんが，この分析方法を使う

と，入手可能なデータからパラメータ a の値を求めたり[1]，預金量を式 (6.14) のように表現すること自体に意味があるのかないのかを調べたりすることができます．また，重回帰分析は様々な分野で用いられており，今やパーソナルコンピュータの表計算ソフトを使えば，簡単にこの分析を行うことができます．

線型モデル2を利用する一般的な手順は，次のとおりです．

(1) y および X のデータを入手する．

(2) 入手したデータに基づいて，パラメータ a を推定する[2]．

(3) パラメータの推定値を用いて，X の一部を変更したときに，y がどのように変化するかを調べる．

式 (6.9) や (6.14) のように，行列の積や和で表したモデルを**線型モデル**と呼びます．

例題 6.5 表6.2に示すように，家電量販店3社の，資本金，売上高，経常利益[a]のデータがある．資本金，売上高を用いて経常利益を説明するような線型モデルを構築せよ．

[解説]
　資本金と売上高のデータを，$R^{3\times 3}$ の行列を用いて次のように表す．

$$X = \begin{bmatrix} 46,054 & 753,208 & 1 \\ 14,719 & 215,543 & 1 \\ 18,915 & 422,562 & 1 \end{bmatrix}$$

---
[a]これらの用語の厳密な意味が分からなくても構いません．売上よりも，(経常)利益が重要であることさえ理解できればそれで十分です．

---

[1]パラメータの値をデータから求めることを，**推定**と呼びます．理論的背景は一切省略しますが，X と y の値から a を推定するための式は

$$\hat{a} = (X'X)^{-1} X'y$$

です．この計算には行列の積と逆行列の計算が必要ですが，表計算ソフトを使えば簡単に求めることができます．

[2]推定したパラメータの値を**推定値**といいます．

6.3 線型モデル

> 次に，各社の経常利益を，R^3 の列ベクトルを用いて
>
> $$y = \begin{pmatrix} 22,370 \\ 496 \\ 1,944 \end{pmatrix}$$
>
> のように表現する．最後に，パラメータ a を
>
> $$a = \begin{pmatrix} a_1 \\ a_2 \\ b \end{pmatrix}$$
>
> のように表すと，目的の線型モデルは
>
> $$y = Xa$$
>
> となる．なお，a の値を y と X から推定する方法が確立されていることは前に説明したとおりである． (σ_σ)vvV

表 6.2: 財務データ

社名	資本金	売上高	合計利益
Y 社	46,054	753,208	22,370
J 社	14,719	215,543	496
K 社	18,915	422,562	1,944

6.3.3 連立方程式とモデル2

ここは少しだけ高度になります．読み飛ばしてもらっても構いません．

例題 6.5 で 1 つの疑問が浮かぶかも知れません．そこでは，a の値を y と X から推定する方法が確立されていると説明しましたが，次のようにすればよいと思うかも知れません．すなわち，例題 6.5 で X を A に置き換え，

y を z に, a を x と置き換えると, $y = Xa$ は

$$Ax = z$$

の形になります.これは,**6.2** で説明した連立方程式を行列表現したものと同じです.であれば,行列 A の逆行列を求め,それを $Ax = z$ の両辺に,左からかければよいことになります.

しかし,このことは一般に正しくありません.理由は

(1) 連立方程式の A は正方行列であるのに対し,線型モデル 2 の X は正方行列とは限らない.

(2) 連立方程式の目的は,条件を満たすような変数の値を知ることであるのに対し,線型モデル 2 のそれは,変数 X の値を直接制御する(いろいろ変えてみる)ことで y の値を間接的に制御することが目的である.

のとおりです.

次の投入産出分析は,経済学での応用です.難しいと思えば,本章の残りは読み飛ばしても構いません.

6.4 投入産出分析

6.2 に述べた線型モデルのうちで,経済の分野で用いられた代表的なものに,**投入産出分析**があります.これは W.W. Leontief が 1931 年に発表し,1973 年にノーベル経済学賞を受賞しています.我が国でも 1955 年以来取り入れている分析手法です.

6.4.1 産業連関表

製造業を考えましょう.製造業では,他の産業から何種類かの生産物を購入し,これらを原料,燃料,動力として,新たな生産物を製造しています.このような生産に消費された原料やその他の財を**投入**と呼びます.ま

6.4 投入産出分析

た，生産された生産物を**産出**と呼び，これが，また別の産業の投入になることも多くあります．このように，ある産業の産出は他の産業の投入となり，すべての産業の投入と産出との関係は，財の循環の状態を表していると考えることができます．

投入の中には，労働のように他の産業の生産物ではないものがあります．また，生産の過程で消費されたものがあれば，これは，他の産業の投入にはならない生産物と解釈されます．このように，他の産業の産出でないような投入や，他の産業への投入にならないような産出を考慮して，財の循環を考えるときには，これを**開放体系**または**オープンシステム**と呼びます．

これに対して，すべての財の流れを各産業間の投入と産出として財の循環を考える場合には，これを**封鎖体系**または**クローズドシステム**といいます．

いずれのシステムにせよ，投入と産出の関係を行列を用いて表現したものを**投入産出表**，または**産業連関表**といいます．例えば表6.3は，オープンシステムでの産業連関表の例です．表より，部門1が部門2，3にそれぞれ148(億円)，27(億円)売り渡し(投入し)ていることになります．この例の場合，取引を金額で表していますが，このような産業連関表を**価値的産業連関表**と呼びます．

表6.3においては，部門1から部門1，2，3，4へ，それぞれ237，148，27，695なる投入(投入総額237+148+27+695=1107)があるの対し，部門1での産出総額は2107です．したがって，これらの差額である1000が他部門への投入にはなっておらず，システムの外に流出しています．また，部門1への投入総額は3529であるのに対し，部門1-4から部門1への投入総額は237+1234+859+899=3229です．この差額300は，労働などのように，他部門の生産物ではないことが読み取れます．

6.4.2 最終需要量

以下では，オープンシステムを考え，次のような産業連関表を考えましょう．部門iの産出総額から部門iから（自分も含めて）他部門への投入を差

表 6.3: 産業連関表

部門	1	2	3	4	産出総額
1	237	148	27	695	2107
2	1234	321	856	594	5689
3	859	368	354	593	3524
4	899	876	38	195	2856
投入総額	3529	1933	1857	2387	17107

表 6.4: 産業連関表

部門	1	2	$\cdots$	n	産出総額
1	b_{11}	b_{12}	$\cdots$	b_{1n}	x_1
2	b_{21}	b_{22}	$\cdots$	b_{2n}	x_2
$\cdots$	$\cdots$	$\cdots$	$\cdots$	$\cdots$	$\cdots$
n	b_{n1}	b_{n2}	$\cdots$	b_{nn}	x_n
投入総額	y_1	y_2	$\cdots$	y_n	

6.4 投入産出分析

し引いたもの,すなわち

$$z_i = x_i - \sum_{j=1}^{n} b_{ij}, \quad i = 1, 2, \cdots, n \tag{6.15}$$

は,各部門からシステムの外に流出する産出であり,これを第 i 部門の**最終需要量**と呼びます.

次に第 j 部門の単位当たり産出量に対して,第 i 部門から投入される量を a_{ij} と表し,これを**投入係数**と呼びます.すなわち

$$a_{ij} = b_{ij}/x_j, \quad i,j = 1, 2, \cdots, n \tag{6.16}$$

とします.例えば表 6.3 の例では

$$a_{11} = b_{11}/x_1 = 237/2107$$

$$a_{12} = b_{12}/x_2 = 148/5689$$

$$\cdots$$

$$a_{44} = b_{44}/x_4 = 195/2856$$

です.よって,式 (6.15) より

$$z_i = x_i - \sum_{j=1}^{n} b_{ij} = x_i - \sum_{j=1}^{n} a_{ij} x_j \tag{6.17}$$

が得られます.これを行列を用いて表現すると

$$\boldsymbol{Ax} = \boldsymbol{z} \tag{6.18}$$

となります.ただし

$$\boldsymbol{A} = \begin{bmatrix} 1-a_{11} & -a_{12} & \cdots & -a_{1n} \\ -a_{21} & 1-a_{22} & \cdots & -a_{2n} \\ \cdots & \cdots & \cdots & \cdots \\ -a_{n1} & -a_{n2} & \cdots & 1-a_{nn} \end{bmatrix} \tag{6.19}$$

$$\boldsymbol{x}^t = (x_1, x_2, \cdots, x_n) \tag{6.20}$$

$$\boldsymbol{z}^t = (z_1, z_2, \cdots, z_n) \tag{6.21}$$

です．

以上より，各部門の最終需要量が与えられたときの，各部門ごとに必要な産出量は

$$x = A^{-1}z \tag{6.22}$$

となります．

このような分析により，例えば最終需要量から各部門に必要な産出量を計算することが可能です[3]．

6.5 ポイント

ポイント 6.1　集計

$\begin{bmatrix} 第1週：商品aの販売個数 & 商品bの販売個数 & 商品cの販売個数 \\ 第2週：商品aの販売個数 & 商品bの販売個数 & 商品cの販売個数 \\ 第3週：商品aの販売個数 & 商品bの販売個数 & 商品cの販売個数 \end{bmatrix}$

$\times \begin{pmatrix} 商品aの1個当たり販売価格 \\ 商品bの1個当たり販売価格 \\ 商品cの1個当たり販売価格 \end{pmatrix}$

$= \begin{pmatrix} 第1週目の売上高 \\ 第2週目の売上高 \\ 第3週目の売上高 \end{pmatrix}$

---

[3]ただし，投入係数 $a_{ij}(i=1,2,\cdots,n,\ j=1,2,\cdots,n)$ の値を，何らかの方法で別途求めておく必要があります．

6.5 ポイント

> **ポイント 6.2** 集計2
>
> $$\begin{bmatrix} 第1週:商品aの販売個数 & 商品bの販売個数 & 商品cの販売個数 \\ 第2週:商品aの販売個数 & 商品bの販売個数 & 商品cの販売個数 \\ 第3週:商品aの販売個数 & 商品bの販売個数 & 商品cの販売個数 \end{bmatrix}'$$
>
> $$\times \begin{pmatrix} \frac{1}{3} \\ \frac{1}{3} \\ \frac{1}{3} \end{pmatrix}$$
>
> $$= \begin{pmatrix} aの週当たり平均販売個数 \\ bの週当たり平均販売個数 \\ cの週当たり平均販売個数 \end{pmatrix}$$

> **ポイント 6.3** 連立方程式
>
> $$\left. \begin{array}{rcl} a_{11}x + a_{12}y + a_{13}z &=& b_1 \\ a_{21}x + a_{22}y + a_{23}z &=& b_2 \\ a_{31}x + a_{32}y + a_{33}z &=& b_3 \end{array} \right\}$$
>
> は,行列を用いて
>
> $$\boldsymbol{Ax} = \boldsymbol{z}$$
>
> と書くことができる.ここに
>
> $$\boldsymbol{A} = \begin{bmatrix} a_{11} & a_{12} & a_{13} \\ a_{21} & a_{22} & a_{23} \\ a_{31} & a_{32} & a_{33} \end{bmatrix}, \quad \boldsymbol{x} = \begin{pmatrix} x \\ y \\ z \end{pmatrix}, \quad \boldsymbol{z} = \begin{pmatrix} b_1 \\ b_2 \\ b_3 \end{pmatrix}$$
>
> である.

> **ポイント 6.4** 連立方程式
>
> $$\boldsymbol{Ax} = \boldsymbol{z}$$
>
> の解は,両辺に左から $\boldsymbol{A}^{-1}$ をかけることにより

$$x = A^{-1}z$$

である.ただし,A^{-1} が存在しない(A が正則でない)場合には,連立方程式は解くことができない.

ポイント 6.5 線型モデル 1

$$y = Ax + b$$

ポイント 6.6 線型モデル 2

$$y = Xa$$

ポイント 6.7 線型モデル 2 を利用する手順

(1) y および X のデータを入手する.

(2) 入手したデータに基づいて,パラメータ a を推定する.

(3) パラメータの推定値を用いて,X の一部を変更したときに,y がどのように変化するかを調べる.

6.6 演習問題

演習 6.1 ある街での,350ml の缶ビールの販売本数は全体で 100 万本である.このうち,A 社,K 社,S 社,T 社のビールの販売本数を集計し,ベクトル a を使って次のように表した.ただし,単位は万本である.

$$a = \begin{pmatrix} 35, 30, 25, 15 \end{pmatrix}$$

各社のビールのシェアを計算せよ.
(**ヒント**) シェアとは,同じ種類の製品全体の販売個数(販売金額)のうちで,その製品の販売個数(販売金額)が占める割合を意味する.

6.6 演習問題

演習 6.2 高校のあるクラスの生徒の成績を集計したい．生徒は全部で n 人おり，一人ひとりの成績は，英語，数学，国語，理科，社会の順に5教科の成績がそれぞれ100点満点で，$R^{n\times 5}$ の行列 X を用いて

$$X = \begin{bmatrix} 85 & 60 & 70 & 65 & 90 \\ 70 & 90 & 60 & 85 & 50 \\ 85 & 40 & 80 & 55 & 85 \\ 55 & 75 & 65 & 65 & 95 \\ \cdots & \cdots & \cdots & \cdots \\ 60 & 100 & 65 & 95 & 45 \end{bmatrix}$$

のような形式で表現されている．彼らが理系の進路を選ぶとすれば，英語，数学，理科の成績が重要で，文系の進路を選択するとすれば，英語，国語，社会の成績が重要である．生徒それぞれの成績を理系として集計した場合の合計点を，行列を用いて集計せよ．また，各生徒の成績を文系として集計した場合の合計点を，行列を用いて集計せよ．
(**ヒント**) 重要な科目の重みを1，そうでない科目の重みを0としたベクトルを構成する．

演習 6.3 演習 6.2 において，生徒が理系の進路を選ぶならば，英語，数学，理科が国語，社会の2倍の重要性を持っている．文系の進路を選ぶならば，英語，国語，社会が数学，理科の2倍の重要性を持っている．生徒それぞれの成績を理系として集計した場合の合計点を，行列を用いて集計せよ．また，各々の生徒を文系として集計した場合の合計点を，行列を用いて集計せよ．

演習 6.4 次の連立方程式を行列を用いて表現せよ．

$$\left. \begin{array}{r} 2x + y = 4 \\ 3x - y = 1 \end{array} \right\}$$

演習 6.5 上の連立方程式を逆行列を用いて解け．

演習 6.6 次の連立方程式を行列を用いて表現せよ．

$$\left.\begin{array}{rcrcrcr} x & + & y & + & z & = & 6 \\ x & - & y & + & z & = & 2 \\ x & + & y & - & z & = & 0 \end{array}\right\}$$

演習 6.7 上の連立方程式を逆行列を用いて解け.

演習 6.8 次の連立方程式を行列を用いて表現せよ.

$$\left.\begin{array}{rcrcrcr} x & + & 2y & + & z & = & 5 \\ 2x & + & 3y & + & z & = & 8 \\ 3x & + & y & + & 2z & = & 9 \end{array}\right\}$$

演習 6.9 上の連立方程式を逆行列を用いて解け.

演習 6.10 ある街で4軒のガソリンスタンドがしのぎを削り合っている. それぞれのガソリンスタンドでの1か月当たりの利益は

$$y = \begin{pmatrix} 115 \\ 263 \\ 88 \\ 104 \end{pmatrix}$$

である. ただし, 単位は万円である. 各ガソリンスタンドのレギュラーガソリンの販売価格 (円), 従業員数 (人), 給油設備台数 (台) を集計し, 表6.5のようにまとめた. このとき, これら3種類の要因で, ガソリンスタンドの1か月当たり利益を説明する線型モデルを構築せよ.

演習 6.11 ある企業が新人を採用するにあたり, 応募者に対して筆記試験, 面接1, 面接2を行い, それぞれを100点満点で集計し, 成績の上位者を合格として採用した. その結果は表6.6のとおりである. さらに, 彼らが

6.6 演習問題

表 6.5: ガソリンスタンドのデータ

ガソリンスタンド	販売価格	従業員数	設備台数
A店	105	4	4
B店	101	1	6
C店	105	3	4
D店	104	4	5

表 6.6: 採用試験の結果

人物	筆記試験	面接1	面接2
A	80	80	80
B	75	90	70
C	80	65	85
D	90	70	70
E	90	80	65
F	75	90	80

入社した後1年間の活躍状況を10点満点で評価した．その結果を次のようにベクトル表現した．

$$\boldsymbol{y} = \begin{pmatrix} 8 \\ 9 \\ 10 \\ 6 \\ 7 \\ 9 \end{pmatrix}$$

次年度以降の参考にするために，入社後の活躍状況を，採用時の筆記試験，面接1, 面接2で説明する線型モデルを作れ．

第7章 極限

7.1 極限値

本章で説明する極限は，後述する微分の意味を理解する上で，非常に重要な概念です．微分までの道中がちょっと長いですが，微分を理解するのに必要な知識だけにできる限り絞って説明することにします．

関数 $y = f(x)$ において，x の値を限りなく定数 a に近づけるとき，y のとる値が定数 b に限りなく近づく場合，これを次のように表現します．

x が a に**収束**するとき，y は b に収束する，または，x が a に収束するときの y の**極限値**は b である．

数学では，上のことを

$$\lim_{x \to a} f(x) = b$$

と書きます．

例題 7.1 次の極限値を求めよ．

$$(1) \lim_{x \to 2}(2x + 1) \qquad (2) \lim_{x \to 2}(2x - 1)$$

[解説]

$$(1) \lim_{x \to 2}(2x + 1) = 5 \qquad (2) \lim_{x \to 2}(2x - 1) = 3$$

である． (^-^)v

上の例題では，$\lim_{x \to a} f(x) = f(a)$ が成立しました[1]．すなわち，関数の

---

[1] 文中に lim を使った式を書くときには，行間を一定に保つために，このように $x \to$ の部分を lim の真下ではなく，斜め右下に書くことがありますが，他に特別な意味はありません．

極限値を求めるのに，単に関数に $x=a$ を代入するだけでした．**ほとんどの場合**，このように $x=a$ **を代入するだけ**です．ただ，たまに代入するだけでは済まない場合があるので困るのです．次の例題を見てみましょう．

例題 7.2 次の極限値を求めよ．

$$(1)\lim_{x \to 1}\frac{x^3-x^2+x-1}{x-1} \qquad (2)\lim_{x \to -2}\frac{x^3+8}{x+2}$$

[解説]
(1) 分数式を書いたとき，(分母) $\neq 0$ が暗黙の条件として付加される．ここでは，分母が $x-1$ であることから，$x \neq 1$ である．また，たとえ分母，分子に $x=1$ を代入したしても，分母，分子ともに 0 となり，そのままでは全体としてどのような値になるかが判断できない．
ところが
$$x^3-x^2+x-1=(x-1)(x^2+1)$$
のように因数分解できる．ここで，$x \neq 1$ であるので
$$\frac{x^3-x^2+x-1}{x-1}=x^2+1$$
のように変形しても構わない．よって
$$\lim_{x \to 1}\frac{x^3-x^2+x-1}{x-1}=\lim_{x \to 1}(x^2+1)=2$$
が成り立つ．

(2) (1) と同様に，x に -2 を代入すると，分母，分子とも 0 となる．ところが，分子が $x^3+8=(x+2)(x^2-2x+4)$ のように因数分解できるので
$$\lim_{x \to -2}\frac{x^3+8}{x+2}=12$$
となる． (^-^)vvV

7.2 特別な場合

7.2.1 左右から近づける場合

$y = f(x)$ において，x を a より小さい方から a に近づける場合と，a より大きい方から a に近づける場合とで，収束する値が異なることがあります．このような場合には，どちらから近づけるのかを明確にしておく必要があります．$y = f(x)$ において，x を a より大きい方から，a に近づけることを

$$\lim_{x \to a+0} f(x)$$

と書き，x を a より小さい方から，a に近づけることを

$$\lim_{x \to a-0} f(x)$$

のように書きます．ただし，x を 0 に近づける場合だけは，0 より大きい方から近づけることを $\lim_{x \to +0} f(x)$，小さい方から近づけることを $\lim_{x \to -0} f(x)$ のように書きます．さらに

$$\lim_{x \to a+0} f(x) = \lim_{x \to a-0} f(x) = b$$

のときに

$$\lim_{x \to a} f(x) = b$$

と書きます．

例題 7.3 次の極限値を求めよ．

$$\lim_{x \to 2+0} \sqrt{x-2}$$

[解説]

$\sqrt{a}$ と書いたき，暗黙のうちに a の定義域は $a \geq 0$ となる．上の問題では，x の定義域は $x \geq 2$ であるため，x を 2 より小さい方から 2 に近づけることはできず，x を 2 より大きい方からしか 2 に近づけることができない．よって

$$\lim_{x \to 2+0} \sqrt{x-2} = 0$$

であり，$\lim_{x \to 2-0} \sqrt{x-2}$ を求めることはできない． \(ˆ-ˆ)/

7.2.2　xを無限大にする場合

次に，$y = f(x)$において，xを限りなく大きくしたとき，yが定数bに収束する場合，これを
$$\lim_{x \to +\infty} f(x) = b$$
と書き，xを無限大[2]にしたときのyの極限値はbであるといいます．また，xを負の範囲で，その絶対値が無限大となるようにしたとき，yが定数bに収束するならば，これを
$$\lim_{x \to -\infty} f(x) = b$$
と書き，xを負の無限大にしたときのyの極限値はbであるといいます．

例題 7.4　次の極限値を求めよ．
$$\lim_{x \to +\infty} \frac{1}{x}$$

[解説]
$$\lim_{x \to +\infty} \frac{1}{x} = 0$$
である．また
$$\lim_{x \to -\infty} \frac{1}{x} = 0$$
も成り立つ．これらをまとめて
$$\lim_{x \to \pm\infty} \frac{1}{x} = 0$$
と表す．図7.1のグラフはこの様子を示したものである．　　\(ˆ-ˆ)V

---

[2]無限大 ∞ については，第1章の脚注で説明しました．どんな実数よりも大きな数であり，$-\infty$ はどんな実数よりも小さな数です．

7.2 特別な場合

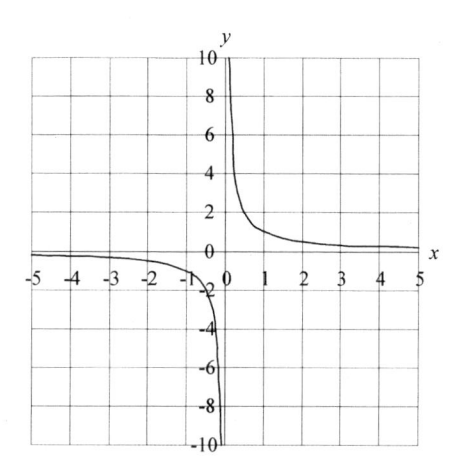

図 7.1: $y = 1/x$ の双曲線

7.2.3 発散

$y = f(x)$ において x を a に近づけると，y の値は正で，いくらでも大きくなることがあります．これを

$$\lim_{x \to a} f(x) = +\infty$$

と書きます．また，y の値は負で，いくらでも小さくなるときには，これを

$$\lim_{x \to a} f(x) = -\infty$$

と書きます．上の2つの場合，y は**発散**するといいます．**発散**は，**収束**に相対する言葉です．

例題 7.5 次の極限値を求めよ．

(1) $\displaystyle\lim_{x \to +0} \frac{1}{x}$ (2) $\displaystyle\lim_{x \to -0} \frac{1}{x}$

[解説]

(1) $\displaystyle\lim_{x \to +0} \frac{1}{x} = +\infty$ (2) $\displaystyle\lim_{x \to -0} \frac{1}{x} = -\infty$

である．このことは，図7.1に示した双曲線からも理解できる．　(^-^)

7.2.4 基本事項

(a) 多項式の基本事項

例題 7.6 次の極限値を求めよ．

(1) $\displaystyle\lim_{x \to +\infty} (3x^3 - 2x^2 + 5x - 6)$ (2) $\displaystyle\lim_{x \to -\infty} (3x^3 + 2x^2 + 5x - 6)$

[解説]
(1) $\displaystyle\lim_{x \to +\infty} 3x^3 = \lim_{x \to +\infty} 2x^2 = \lim_{x \to +\infty} 5x = +\infty$ であるが

$$\lim_{x \to +\infty} (3x^3 - 2x^2) = \lim_{x \to +\infty} x^2(3x - 2)$$

が成り立ち，$\displaystyle\lim_{x \to +\infty} x^2 = +\infty$, $\displaystyle\lim_{x \to +\infty} (3x - 2) = +\infty$ であるため

$$\lim_{x \to +\infty} (3x^3 - 2x^2) = +\infty$$

となる．よって

$$\lim_{x \to +\infty} (3x^3 - 2x^2 + 5x - 6) = +\infty$$

である．　(^_^)v

7.2 特別な場合

> (2) $\lim_{x \to -\infty} 3x^3 = \lim_{x \to -\infty} 5x = -\infty$, $\lim_{x \to -\infty} 2x^2 = +\infty$ であるが
> $$\lim_{x \to -\infty}(3x^3 - 2x^2) = \lim_{x \to -\infty} x^2(3x - 2)$$
> が成り立つ．ここで，$\lim_{x \to -\infty} x^2 = +\infty$, $\lim_{x \to -\infty}(3x - 2) = -\infty$ であるため
> $$\lim_{x \to -\infty}(3x^3 - 2x^2) = \lim_{x \to -\infty} x^2(3x - 2) = -\infty$$
> となる．よって
> $$\lim_{x \to -\infty}(3x^3 + 2x^2 + 5x - 6) = -\infty$$
> である． $(\hat{\ }-\hat{\ })v$

例題 7.6 より，**多項式**[3]**の極限値は，次数が最大の項を見ればよい**ことがわかります．

(b) 分数関数の基本事項

例題 7.4 と 7.5 をさらに一般化すると，以下のようになります．ただし

$$\lim_{x \to a} f(x) = b(> 0)$$
$$\lim_{x \to a} g(x) = -b(< 0)$$
$$\lim_{x \to a} u(x) = +\infty$$
$$\lim_{x \to a} v(x) = -\infty$$

とします．ここに，a は定数である必要はありませんが[4]，b は正の定数です．

(1) 分子が定数に収束，分母が発散する場合

$$\lim_{x \to a} \frac{f(x)}{u(x)} = 0, \qquad \lim_{x \to a} \frac{f(x)}{v(x)} = 0$$

$$\lim_{x \to a} \frac{g(x)}{u(x)} = 0, \qquad \lim_{x \to a} \frac{g(x)}{v(x)} = 0$$

---
[3] 多項式とは，$a_1 x^n + a_2 x^{n-1} + \cdots + a_n x + a_{n+1}$ のような形を持つ式です．次数が最大の項は $a_1 x^n$ です．
[4] $a = +\infty$ でも，$a = -\infty$ でも構いません．

(2) 分母が定数に収束，分子が発散する場合

$$\lim_{x \to a} \frac{u(x)}{f(x)} = +\infty, \qquad \lim_{x \to a} \frac{v(x)}{f(x)} = -\infty$$

$$\lim_{x \to a} \frac{u(x)}{g(x)} = -\infty, \qquad \lim_{x \to a} \frac{v(x)}{g(x)} = +\infty$$

[注意]
　上の (1), (2) は，次のようにして覚えましょう．

$$\frac{\pm(\text{正の定数})}{\pm(\text{無限大})} \to 0$$

$$\frac{\pm(\text{無限大})}{(\text{正の定数})} \to \pm(\text{無限大})$$

$$\frac{\pm(\text{無限大})}{(\text{負の定数})} \to \mp(\text{無限大})$$

例題 7.7　次の極限値を求めよ．

(1) $\lim_{x \to +0} \dfrac{2}{x}$　(2) $\lim_{x \to -0} \dfrac{3}{x}$　(3) $\lim_{x \to -0} \left(-\dfrac{2}{x}\right)$

[解説]

(1) $\lim_{x \to +0} \dfrac{2}{x} = +\infty$,　(2) $\lim_{x \to -0} \dfrac{3}{x} = -\infty$,　(3) $\lim_{x \to -0} \left(-\dfrac{2}{x}\right) = +\infty$

である．　(*_*;;

7.3　極限値の性質

定数 a, b, c に対し

$$\lim_{x \to a} f(x) = b, \qquad \lim_{x \to a} g(x) = c$$

7.3 極限値の性質

であるとき

$$\lim_{x \to a} [f(x) \pm g(x)] = b \pm c \tag{7.1}$$

$$\lim_{x \to a} f(x)g(x) = bc \tag{7.2}$$

$$\lim_{x \to a} \frac{f(x)}{g(x)} = \frac{b}{c} \quad 但し,\ c \neq 0 \tag{7.3}$$

が成立する．これらの性質を利用すると，種々の関数の極限値を求めることができる．

なお，定数 a あるいは $a = \infty$ に対し

$$\lim_{x \to a} f(x) = 0,\quad \lim_{x \to a} g(x) = 0,\quad \lim_{x \to a} u(x) = \infty,\quad \lim_{x \to a} v(x) = \infty$$

のとき

(1) $\lim_{x \to a} \frac{f(x)}{g(x)}$　　$\frac{0}{0}$ のパターン

(2) $\lim_{x \to a} f(x)u(x)$　　$0 \times \infty$ のパターン

(3) $\lim_{x \to a} \frac{u(x)}{v(x)}$　　$\frac{\infty}{\infty}$ のパターン

には注意が必要です．これらの場合には，**さらに詳しく調べる必要があります**．

例題 7.8　次の極限値を求めよ．

(1) $\lim_{x \to \infty} \dfrac{2x^2 + 3x + 4}{3x^2 - 2x + 1}$　　(2) $\lim_{x \to \infty} \dfrac{3x + 4}{3x^2 + 2x + 1}$

[解説]
(1) 分母，分子のそれぞれの極限値はともに $+\infty$ である．これは上に列挙した (3) のパターンであり，このままでは式 (7.3) を適用することはできない（式 (7.3) における b, c は定数である）．そこで，$x^2 \neq 0$ であることに注目し，分母・分子を $x^2 \neq 0$ で割ると

$$\frac{2x^2+3x+4}{3x^2+2x+1} = \frac{2+\frac{3}{x}+\frac{4}{x^2}}{3+\frac{2}{x}+\frac{1}{x^2}}$$

を得る．ここで

$$\lim_{x\to\infty}\frac{3}{x} = \lim_{x\to\infty}\frac{4}{x^2} = \lim_{x\to\infty}\frac{2}{x} = \lim_{x\to\infty}\frac{1}{x^2} = 0$$

であることから，次式が成立する．

$$\lim_{x\to\infty}\frac{2x^2+3x+4}{3x^2+2x+1} = \lim_{x\to\infty}\frac{2+\frac{3}{x}+\frac{4}{x^2}}{3+\frac{2}{x}+\frac{1}{x^2}} = \frac{2}{3}$$

(2) 分母，分子のそれぞれの極限値はともに $+\infty$ である．これは上に列挙した (3) のパターンであり，このままでは式 (7.3) を適用することはできない（式 (7.3) における b, c は定数である）．ここでは，$x \neq 0$ であることに注目して，分母，分子を $x \neq 0$ で割ると

$$\frac{3x+4}{3x^2+2x+1} = \frac{3+\frac{4}{x}}{3x+2+\frac{1}{x}}$$

を得る．ここで

$$\lim_{x\to\infty}3x = \infty, \quad \lim_{x\to\infty}\frac{4}{x} = \lim_{x\to\infty}\frac{1}{x} = 0$$

であることから，次式が成立する．

$$\lim_{x\to\infty}\frac{3x+4}{3x^2+2x+1} = \lim_{x\to\infty}\frac{3+\frac{4}{x}}{3x+2+\frac{1}{x}} = 0$$

(*_*;;

図 7.2 は例題 7.8(1) の関数が収束する様子を示したものです．

7.4 連続

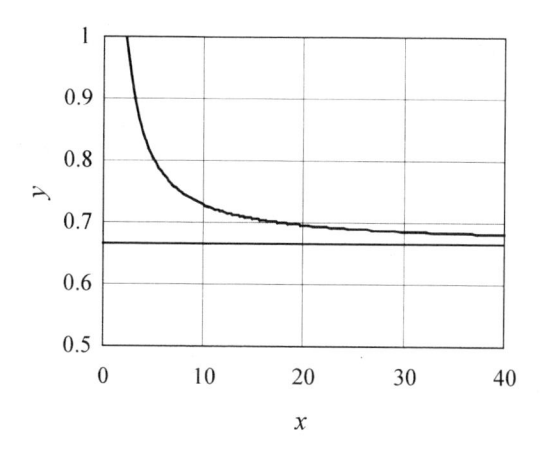

図 7.2: 例題 7.8(1) の関数の振舞

7.4 連続

以上で，微分に必要な極限値の説明がほとんど終了です．最後に，この極限の概念を用いて，関数が連続であるということを説明しましょう．

関数 $y = f(x)$ が $x = a$ において

$$\lim_{x \to a} f(x) = f(a) \tag{7.4}$$

を満足するとき，関数 $y = f(x)$ は $x = a$ において**連続**であるといいます．つまり，極限値と直接代入した値が同じであるときに，連続であるといいます．また，$y = f(x)$ が任意の $x = a$ において連続であるとき，関数 $y = f(x)$ がすべての x に対して連続であるといいます．**連続**は，通常我々が日常会話で使用する連続と同じ概念です．

7.5 ポイント

ポイント 7.1 極限値 a, b を定数とする．x が a に収束するとき $f(x)$ の極限値が b であるならば

$$\lim_{x \to a} f(x) = b$$

のように書く．

ポイント 7.2 極限値の計算 1

$$\lim_{x \to a} f(x)$$

を求めるには，ほとんどの場合 $f(x)$ に $x = a$ を代入し，$f(a)$ を求めるだけである．

ポイント 7.3 極限値

$$\lim_{x \to a} f(x) = \infty$$

ならば，x が a に収束するとき，$f(x)$ は発散するという．

ポイント 7.4 x を無限大にするとき

$$\lim_{x \to \infty} f(x) = b$$

ならば，x を無限大にしたときの $f(x)$ の極限値は b であるという．

ポイント 7.5 極限値の計算 2（多項式）
多項式の極限値は，最大の次数をもつ項を見ればよい．

> **ポイント 7.6** 極限値の計算 3 （分数式）
>
> (1) $\dfrac{\pm(\text{正の定数})}{\pm(\text{無限大})} \to 0$
>
> (2) $\dfrac{\pm(\text{無限大})}{(\text{正の定数})} \to \pm(\text{無限大})$
>
> (3) $\dfrac{\pm(\text{無限大})}{(\text{負の定数})} \to \mp(\text{無限大})$

> **ポイント 7.7** 極限値の計算 4
>
> (1) $\dfrac{0}{0}$ のパターン
>
> (2) $0 \times \infty$ のパターン
>
> (3) $\dfrac{\infty}{\infty}$ のパターン
>
> には，注意（工夫）が必要である．

7.6 演習問題

演習 7.1 次の極限値を求めよ．

(1) $\displaystyle\lim_{x \to 2}(2x^2 - x)$ (2) $\displaystyle\lim_{x \to 3}\dfrac{x^2 - 2x}{x - 2}$ (3) $\displaystyle\lim_{x \to 1}\dfrac{x^3 - x^2 + x + 2}{x + 1}$

演習 7.2 次の極限値を求めよ．

(1) $\displaystyle\lim_{x \to 5}\dfrac{x^2 - 25}{x - 5}$ (2) $\displaystyle\lim_{x \to 4}\dfrac{x^2 - 16}{x^2 - x - 12}$ (3) $\displaystyle\lim_{x \to -2}\dfrac{x^2 + x - 2}{3x^2 + 5x - 2}$

演習 7.3 次の極限値を求めよ．

(1) $\displaystyle\lim_{x \to \infty}\dfrac{2}{x - 4}$ (2) $\displaystyle\lim_{x \to \infty}\left(-\dfrac{4}{x^2}\right)$ (3) $\displaystyle\lim_{x \to \infty}\dfrac{3}{3x^2 + 5x - 2}$

演習 7.4 次の極限値を求めよ.

(1) $\displaystyle\lim_{x\to-\infty}\frac{2}{x-4}$ (2) $\displaystyle\lim_{x\to-\infty}\left(-\frac{4}{x^2}\right)$ (3) $\displaystyle\lim_{x\to-\infty}\frac{3}{3x^2+5x-2}$

演習 7.5 次の極限値を求めよ.

(1) $\displaystyle\lim_{x\to 4+0}\frac{2}{x-4}$ (2) $\displaystyle\lim_{x\to 0}\left(-\frac{4}{x^2}\right)$ (3) $\displaystyle\lim_{x\to-2+0}\frac{3}{3x^2+5x-2}$

演習 7.6 次の極限値を求めよ.

(1) $\displaystyle\lim_{x\to+\infty}\frac{2x^2+5x-4}{5x^2+2x-6}$ (2) $\displaystyle\lim_{x\to+\infty}\frac{3x^3-4x^2+6x-3}{4x^3-5x^2+8x-4}$

演習 7.7 次の極限値を求めよ.

(1) $\displaystyle\lim_{x\to-\infty}\frac{2x^2+5x-4}{5x^2+2x-6}$ (2) $\displaystyle\lim_{x\to-\infty}\frac{3x^3-4x^2+6x-3}{4x^3-5x^2+8x-4}$

演習 7.8 次の極限値を求めよ.

(1) $\displaystyle\lim_{x\to+\infty}\frac{2x^2+5x-4}{5x^3+2x^2-6x-8}$ (2) $\displaystyle\lim_{x\to+\infty}\frac{4x^2+6x-3}{4x^3-5x^2+8x-4}$

演習 7.9 次の極限値を求めよ.

(1) $\displaystyle\lim_{x\to+\infty}\frac{3x^3-4x^2+6x-3}{2x^2-6x-8}$ (2) $\displaystyle\lim_{x\to-\infty}\frac{9x^3+6x^2-3x-9}{5x^2+8x-4}$

第8章　微　分

8.1　何のために

　何のために微分を勉強するのでしょう．微分の応用範囲は広く，様々なところで使われています．こういった説明をよく聞きます．しかし，数学嫌いの人たちが我慢して微分を少し勉強して，果たして本当に役に立つのでしょうか？
　例えば

$$f(x) = -5x^2 + 15x + 10$$

という関数を考えます．これを単に数式と見るか，これが何かを表していると考えるかで大違いです．$f(x)$ が，自分が経営する企業の利益を表しており，x が人件費だとしたらどうでしょう．真っ先に関心があるのは，$y = f(x)$ を最大にするような x の値ではないでしょうか．また

$$g(x) = 4x^2 - 8x + 4$$

が自分が経営する店の費用を表しており，x が品揃え数だとしたらどうでしょう．これも $g(x)$ を最小にするような品揃え数 x に興味があるでしょう．
　上の2つの例は，いずれも数式にパラメータは含まれておらず，一意に定まっています．関数の式が一意に定まっていれば，今やパーソナルコンピュータの表計算ソフトを使っていとも簡単にそのグラフを描くことができる時代です．しかし，利益や費用を表す式が

$$q(x) = ax^2 + bx + c$$

のようにパラメータを含んだ形でしか書けない（現時点ではパラメータの値が分からない），そしてデータを収集するなど，何らかの方法でパラメー

タの値を推定しなければならない，というような局面も多々あります．数式にパラメータが含まれていると，先に説明した表計算ソフトを使ってグラフを描くことはできません．しかし，ちょっとした微分の知識があるとグラフの形がある程度頭の中に浮かんでくるようになります．もし，こうなれば，利益を最大にするような x が存在するのかどうかとか，費用を最小にするような x が存在するのかどうかとかが瞬時に理解できます．また，微分に限らず，様々な数学の知識がある方が，効率よく表計算ソフトを使いこなすことができます．

8.2 関数の形

微分の学習を始めるにあたって，次のことを理解しておきましょう．ある関数 $f(x)$ を考えます．

- $y = f(x)$ 上のある点 $(x, f(x))$ における接線の傾きが正（接線が右上がり）ならば，その関数は，その点で増加．

- $y = f(x)$ 上のある点 $(x, f(x))$ における接線の傾きが負（接線が右下がり）ならば，その関数は，その点で減少．

- $y = f(x)$ 上のある点 $(x, f(x))$ における接線の傾きが 0（接線が水平）ならば，その関数は，その点で山の頂上であるか，谷の底である．

図 8.1 に，接線の傾きと曲線の増減の関係を示します．図 8.1 より，曲線が増加している領域では接線の傾きが正であり，逆に曲線が減少しているような領域では接線の傾きが負であることが読み取れます．また，曲線の山の頂上（これを**極大**といいます）や谷の底（これを**極小**といいます）では，接線は水平となり，その傾きは 0 であることも分かります．

これらのことから，x が大きくなるとともに，接線の傾きがどのように変化するかを見れば，関数（で与えられた曲線）の形の概略が分かります．

8.3　2点を通る直線

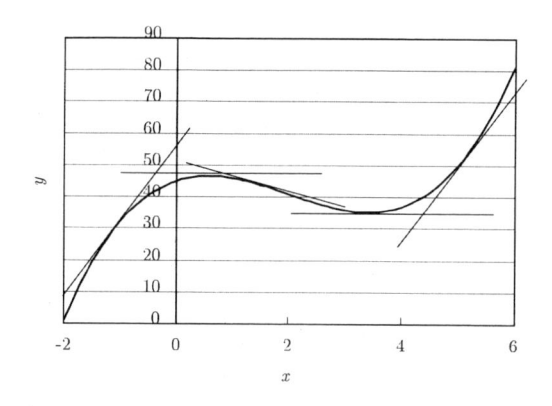

図8.1: 接線と曲線

8.3　2点を通る直線

図8.2に示すような曲線 $y = f(x)$ 上の2点 (x_1, y_1) および (x_2, y_2) を通る直線を考えましょう．ただし，$x_1 \neq x_2$ です．このような直線の式は

$$(y - y_1)(x_1 - x_2) = (y_1 - y_2)(x - x_1) \tag{8.1}$$

で与えられます．

式 (8.1) の直線の傾きだけに注目しましょう．この直線の傾き m は

$$m = \frac{y_2 - y_1}{x_2 - x_1} \tag{8.2}$$

です．このとき，x_1 は固定したままで，x_2 を限りなく x_1 に近づけてみると，直線は図8.2の実線で描かれた直線のようになることが分かります．図8.2の実線で表された直線は，曲線 $y = f(x)$ の点 (x_1, y_1) における接線です．したがって，式 (8.2) において x_2 を限りなく x_1 に近づけたときの値は，この接線の傾きになります．

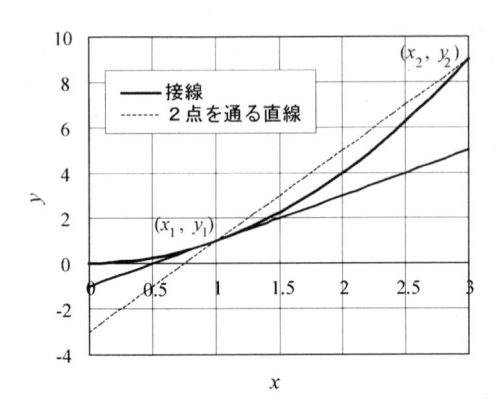

図 8.2: 直線の傾き

微分は，このようにして接線の傾きを求めることに相当します．微分は，その適用分野によって様々な意味合いをもちますが，本書では，接線の傾きだけを考えることにします．

上では，式 (8.2) において x_2 を限りなく x_1 に近づけました．このことは，数式を用いると

$$\lim_{x_2 \to x_1} \frac{y_2 - y_1}{x_2 - x_1} \tag{8.3}$$

のように書くことができます．

例題 8.1 $y = x^2$ において，点 $(x, y) = (2, 4)$ における接線の傾きを求めよ．

[解説]

$$m = \lim_{x \to 2} \frac{4 - x^2}{2 - x} = \lim_{x \to 2} (2 + x) = 4$$

である． (ˆ−ˆ)v

8.4　微分の定義

例題 8.1 では，点 $(x,y) = (2,4)$ における接線の傾きを求めました．もう少し一般化して，関数 $y = f(x)$ の $x = a$ における接線の傾きを求めると

$$\lim_{h \to 0} \frac{f(a+h) - f(a)}{h}$$

と表すことができます．この値が存在するとき，f は $x = a$ で**微分可能**といい，これを $y = f(x)$ 上の点 $(x,y) = (a, f(a))$ における**微分係数**と呼びます．

上の説明では，h を限りなく 0 に近づけることで，点 $(x,y) = (a+h, f(a+h))$ を点 $(x,y) = (a, f(a))$ に限りなく近づけました．しかし，点 $(x,y) = (a+h, f(a+h))$ を点 $(x,y) = (a, f(a))$ の左側から近づける場合と，右側から近づける場合とで，結果が異なる場合もあります．

図 8.3(a) は，点 $(x,y) = (a+h, f(a+h))$ を点 $(x,y) = (a, f(a))$ の左側から近づけた場合の接線を示しています．これに対し，図 8.3(b) は，点 $(x,y) = (a+h, f(a+h))$ を点 $(x,y) = (a, f(a))$ の右から近づけた場合の接線を示しています．図 8.3(a), (b) より，左側から近づけた場合の接線と右側からのそれとが異なることが分かります．

(a) 左側から近づけた場合　　(b) 右側から近づけた場合

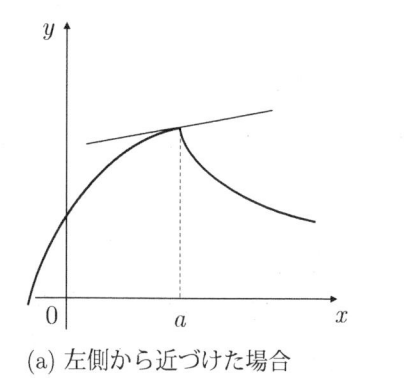

図 8.3: 微分可能でない場合

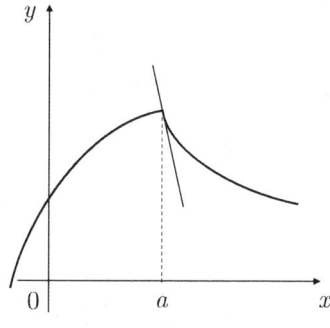

そこで，点 $(x,y) = (a+h, f(a+h))$ を点 $(x,y) = (a, f(a))$ の左から近づける場合として

$$\lim_{h \to -0} \frac{f(a+h) - f(a)}{h}$$

を $x = a$ における**左微分係数**といいます．また，点 $(x,y) = (a+h, f(a+h))$ を点 $(x,y) = (a, f(a))$ の右側から近づける場合として

$$\lim_{h \to +0} \frac{f(a+h) - f(a)}{h}$$

を $x = a$ における**右微分係数**と呼びます．そして，左微分係数と右微分係数の値が一致するときに，**微分可能**であるといいます．

上の概念をさらに一般化し，関数 f が区間 I 上の**任意の点で微分可能であるとき**

$$f'(x) = \lim_{h \to 0} \frac{f(x+h) - f(x)}{h} \tag{8.4}$$

を，関数 f の区間 I における**導関数**と呼びます．関数 f の導関数を求めることを，f(または y)を x で**微分**[1]するといいます．x で微分したことをさらに明確にする意味で，微分を

$$\frac{dy}{dx} \quad \text{あるいは} \quad \frac{df(x)}{dx}$$

のように書くこともあります．

例題 8.2 $y = x^2$ を x で微分せよ．

[解説]

$$y' = f'(x) = \lim_{h \to 0} \frac{(x+h)^2 - x^2}{h} = \lim_{h \to 0} (2x + h) = 2x$$

となる．この結果を用いると $(x, y) = (2, 4)$ における微分係数は，$f'(2) = 4$ となる．同様に，$(x, y) = (3, 9)$ における微分係数は，$f'(3) = 6$ である． (ˆ−ˆ)v

---

[1] x をわずかに変化させたときの y の変化量に注目していることから，**微分**といいます．また，**微**かに**分**かるという意味で微分という，というような説もないわけではありません．m(. _ .)m

8.5 微分の使い道

上の例のように，微分を先に行っておけば，その後で任意の点 $(x, f(x))$ における接線の傾きを計算することができます．

例題 8.3 $y = |x|(1+x)$ は $x = 0$ で微分可能であるかどうかを調べよ．

[解説]
　絶対値の復習をしておこう．$|x|$ は，$x \geq 0$ なら，$|x| = x$ であり，$x < 0$ ならば，$|x| = -x$ である．つまり，絶対値は，正負の符号を取り除いたものと解釈することができる．

$$\lim_{h \to +0} \frac{h(1+h)}{h} = 1$$

$$\lim_{h \to -0} \frac{-h(1+h)}{h} = -1$$

であり，これらの値が一致しないので，$f'(0)$ は存在しない．すなわち，$x = 0$ で微分可能ではない． 　　(ˆ−ˆ)v

---

8.5　微分の使い道

　微分は，関数（のグラフ）の形の概略を見るための道具であると説明しました．関数の形が分かれば，それにこしたことはないのですが，もっと手っ取り早く，関数の山の頂上[2]だけ，あるいは谷の底[3]だけを知りたいという場合も少なくありません．

　図 8.4 において，横軸は投資額を，縦軸が利益を表しています．さらに，投資額と利益の間に図 8.4 に示したグラフのような関係が成り立つとします．図 8.4 における極大値（ここでは最大値）を与える点では，8.2 に説明したように接線が水平であることが確認できます．このことから次のことが言えます．

　例えば，図 8.4 において，利益を極大にするような投資額を求める場合，

---

[2] これを**極大**と呼ぶことは前にも説明したとおりですが，その値を**極大値**と呼びます．
[3] これを**極小**と呼ぶことは前にも説明したとおりですが，その値を**極小値**と呼びます．

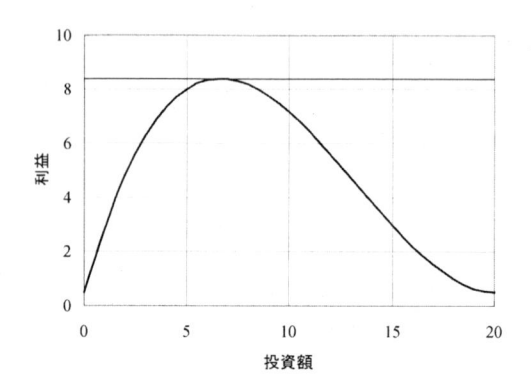

図 8.4: 利益と投資額

利益を表す関数 $y = f(x)$ を投資額 x で微分して 0 と置くと，投資額 x に関する次のような方程式が得られます．

$$y' = f'(x) = 0$$

この方程式を x に関して解けばよいのです（ただし，このような方程式の解は極小値や他の点[4]を与えている可能性もあるので注意が必要です.）．

　以上が理解できた人は，これで微分の大半が終わったも同然です．これが，コミュニケーション数学の考え方です．残るは，微分の計算方法をマスターするだけです．微分の計算方法も，別に本書に説明してあるすべてを理解する必要はありません．理解できるところまで理解すれば，それで構いません．ただ，1 つでも多く計算方法を知っている方が有利であることには，変わりはありません．

---

[4] $y = x^3$ では，$x = 0$ のとき $y' = 0$ となりますが，この点は極大値でも極小でもありません．

8.6 種々の関数の微分

8.6.1 $y = x^3$ の微分

$y = x^2$ の微分は，例題 8.2 で導出したように，$y' = 2x$ です．ここでは，$y = x^3$ を微分してみましょう．微分の定義より

$$y' = \lim_{h \to 0} \frac{(x+h)^3 - x^3}{h} \tag{8.5}$$

です．ここで，次の因数分解を思い出しましょう．

$$a^3 - b^3 = (a-b)(a^2 + ab + b^2)$$

すると

$$\frac{(x+h)^3 - x^3}{h} = (x+h)^2 + (x+h)x + x^2$$

が成立します．よって

$$y' = \lim_{h \to 0} \frac{(x+h)^3 - x^3}{h} = 3x^2 \tag{8.6}$$

となります．

同様にして，$y = x^4$ の微分が $y' = 4x^3$ となることも証明できます．

8.6.2 $y = x^n$ の微分

これまでの結果から類推すると，$y = x^n$ を微分したとき (ただし，n は自然数)

$$y' = nx^{n-1} \tag{8.7}$$

となると予想できます．証明は省略しますが，実はこの予想は正しいのです．以降は，何も気にせずこの結果を使いましょう．

式 (8.7) が正しいという前提に立つと，$y = ax^n$ の微分は

$$y' = anx^{n-1} \tag{8.8}$$

であることが証明できます．さらに驚くことに，すべての実数 α に対して，$y = ax^\alpha$ の微分は

$$y' = a\alpha x^{\alpha-1} \tag{8.9}$$

となります．この証明は，式 (8.7) の証明よりももっと複雑であり，これまでの知識だけでは無理があります．ですが，式 (8.9) が正しいことが証明できるのですから，以降この結果をそのまま使っても，何ら差し支えありません．以下では，これを微分公式の基本 (**微分公式** [1]) とします．

8.6.3　関数の和の微分

2つの関数の和

$$y = f(x) + g(x)$$

を微分しましょう．微分の定義より

$$\begin{aligned}
y' &= \lim_{h \to 0} \frac{f(x+h) + g(x+h) - [f(x) + g(x)]}{h} \\
&= \lim_{h \to 0} \frac{f(x+h) - f(x)}{h} + \lim_{h \to 0} \frac{g(x+h) - g(x)}{h} \\
&= f'(x) + g'(x)
\end{aligned} \tag{8.10}$$

が成立します．(**微分公式** [2])

上の結果を拡張すれば

$$y = \sum_{i=1}^{n} f_i(x) \tag{8.11}$$

であるとき

$$y' = \sum_{i=1}^{n} f_i'(x) \tag{8.12}$$

となることが言えます．

8.6 種々の関数の微分

8.6.4 関数の積の微分

2つの関数の積

$$y = f(x)g(x)$$

を微分することを考えてみましょう．微分の定義から

$$y' = \lim_{h \to 0} \frac{f(x+h)g(x+h) - f(x)g(x)}{h}$$

です．ここで

$$f(x+h)g(x+h) - f(x)g(x) = f(x+h)g(x+h) - f(x+h)g(x)$$
$$+ f(x+h)g(x) - f(x)g(x)$$

なる関係を用いると

$$\lim_{h \to 0} \frac{f(x+h)g(x+h) - f(x)g(x)}{h}$$
$$= \lim_{h \to 0} \frac{g(x+h) - g(x)}{h} f(x+h) + \lim_{h \to 0} \frac{f(x+h) - f(x)}{h} g(x)$$
$$= f(x)g'(x) + f'(x)g(x) \qquad (8.13)$$

が得られます．これもよく使われる微分公式の1つです（**微分公式** [3]）．

例題 8.4　$y = (x^2 + x + 1)(2x^2 + 3x + 2)$ を x で微分せよ．

[解説]

$$f(x) = x^2 + x + 1 \qquad g(x) = 2x^2 + 3x + 2$$

と置く．このとき

$$f'(x) = 2x + 1 \qquad g'(x) = 4x + 3$$

を得る．よって，微分公式 [3] より

$$y' = f(x)g'(x) + f'(x)g(x)$$
$$= (x^2+x+1)(4x+3) + (2x+1)(2x^2+3x+2)$$

が成り立つ．後は，これを展開して，整理し直せばよい．　　　(^_^)V

[注意]
　上の例題で，最後の展開や項の整理を行うときに，人は計算ミスを犯す可能性があります．人間である以上，ある程度のミスは避けられないところがあります．コミュニケーション数学では，このようなミスを犯したとしても，計算の過程が合っていれば，それでよしと考えます．
　実際に微分を使用する局面では，じっくりと落ち着いて計算すればミスは防げますし，誰か計算が得意な人に，計算を代わってもらっても構わないのですから．

8.6.5　合成関数の微分

合成関数[5]を微分することも少なくありません．

$$y = f(g(x))$$

の微分公式は

$$y' = \frac{df(g(x))}{dg(x)} \frac{dg(x)}{dx} \tag{8.14}$$

のとおりです（**微分公式** [4]）．この計算方法は少し複雑なので，例題を用いて説明しましょう．

例題 8.5　$y = (2x^2+x-4)^3$ を微分せよ．

[解説]
　この問題は，$(2x^2+x-4)^3$ を展開して微分することもできる．しかし，合成関数の微分公式を用いる方が計算が楽である．

---
[5]関数の関数であると理解して下さい．

8.6 種々の関数の微分

$$g(x) = 2x^2 + x - 4$$

と置くと，$f(x) = g^3(x)$ である．さらに

$$\frac{df(g(x))}{dg(x)} = 3g^2(x)$$

および

$$\frac{dg(x)}{dx} = 4x + 1$$

である．よって，式 (8.14) より

$$y' = \left[3g^2(x)\right](4x + 1)$$

を得る．$g(x)$ を元に戻して

$$y' = 3(2x^2 + x - 4)^2(4x + 1)$$

となる．もしこの結果がさらに整理できるのであれば，そうしておく方が望ましい． \(*^^*)/

もう1つ例題を示します．

例題 8.6 $y = \frac{1}{x^2 + 2x - 2}$ を微分せよ．

[解説]

$$g(x) = x^2 + 2x - 2$$

と置くと

$$y = \frac{1}{g(x)} = g^{-1}(x)$$

である．よって

$$\frac{dy}{dg} = -g^{-2}(x) = -\frac{1}{g^2(x)}$$

> および
> $$\frac{dg}{dx} = 2x + 2 = 2(x+1)$$
> を得る．これらの結果から
> $$y'(=\frac{dy}{dx}) = \frac{dy}{dg}\frac{dg}{dx} = -\frac{2}{g^2(x)}(x+1)$$
> となる．$g(x)$ を元に戻して
> $$y' = -\frac{2(x+1)}{(x^2+2x-2)^2}$$
> を得る．　$(\sigma\_\sigma)_{vv}V$

例題 8.6 を一般化すると，次のことが言えます．
$$y = \frac{1}{g(x)}$$
の微分は
$$y' = -\frac{g'(x)}{g^2(x)} \tag{8.15}$$
です．これも微分公式の 1 つとして覚えてしまいましょう（**微分公式** [5]）．

8.6.6　分数関数の微分

$$y = \frac{f(x)}{g(x)}$$
なる分数関数を微分すると
$$y' = \frac{f'(x)g(x) - f(x)g'(x)}{g^2(x)} \tag{8.16}$$
が得られます（**微分公式** [6]）．これは，関数の積の微分公式と合成関数の微分公式を組み合わせて用いれば証明可能です．
$$h(x) = \frac{1}{g(x)}$$

8.6 種々の関数の微分

と置くと
$$y = f(x)h(x)$$
のように，y は $f(x)$ と $h(x)$ との積になります．よって，関数の積の微分公式 [3](式 (8.13)) を用いることができます．

その前に，$h(x)$ の微分を元の $g(x)$ で表現しておきましょう．その結果は，式 (8.15) より
$$h'(x) = \left(\frac{1}{g(x)}\right)' = -\frac{g'(x)}{g^2(x)}$$
のとおりです．よって，積の微分公式式 (8.13) より
$$\begin{aligned}y' &= f'(x)h(x) + f(x)h'(x) = \frac{f'(x)}{g(x)} - f(x)\frac{g'(x)}{g^2(x)} \\ &= \frac{f'(x)g(x) - f(x)g'(x)}{g(x)^2}\end{aligned}$$
となります．以上で，分数関数に対する微分公式が証明できました．

例題 8.7 $y = \dfrac{x+1}{x^2+3x+1}$ を x で微分せよ．

[解説]
$$f(x) = x+1 \qquad g(x) = x^2 + 3x + 1$$
と置く．このとき
$$f'(x) = 1 \qquad g'(x) = 2x + 3$$
を得る．よって，微分公式 [6] より
$$y' = \frac{1 \times (x^2 + 3x + 1) - (x+1)(2x+3)}{(x^2 + 3x + 1)^2}$$
が成立する．後は，分子を展開，整理し，分数関数を可能な限り整理しておけばよい． \(σ_σ)/

以上で，種々の関数の微分を終わります．重要なのは微分の結果，言い換えれば導関数が，接線の傾きを表す関数になっていることを理解しておいて下さい．導関数を見れば，x の変化に応じて，接線の傾きがどのように変化するかが分かるからです．

8.7 微分係数の符号

極大あるいは極小をとる点では，微分係数が 0 であることは，前に述べたとおりです．ここでは，微分係数の意味をもう少し詳しく調べてみましょう．

ある関数 $y = f(x)$ を最大にしたい場合，先述したように，これを微分して 0 と置くことで

$$f'(x) = 0$$

なる方程式が得られます．しかしこの方程式は，その解である $x = x^*$ が $y = f(x)$ の極値（極大あるいは極小を与える値）であるための必要条件でしかありません[6]．このため，$x = x^*$ が真に $y = f(x)$ の最大値になっているかどうかを調べる必要が生じます．その方法の 1 つに，関数の**増減表**を作成し，グラフの概形を描くという方法があります．

例題 8.8 $y = x^3 - 6x^2 + 9x + 8$ の増減表を作成せよ．

[解説]

$$y' = 3x^2 - 12x + 9 = 3(x-1)(x-3)$$

であることから，$x = 1, 3$ で極値をとる．さらに，微分係数の符号を調べると，表 8.1 のような増減表が得られる． $(\sigma\_\sigma)vvV$

例題 8.8 のように，増減表を作成すれば，それを基にグラフの概略を描くことができます．そうすれば，求めた極値が最大値なのか，あるいは最小値であるのか，単なる極大，極小値なのかが明らかとなります．

---

[6]極値であれば，この方程式を満足するが，この方程式の解であるからといって，必ずしも極値ではないという意味です．また，より厳密には，関数 $f(x)$ が微分可能である場合に，という条件がつきます．

表 8.1: 増減表

x	$x<1$	$x=1$	$1<x<3$	$x=3$	$3<x$
y'	+	0	−	0	+
y	↗	極大	↘	極小	↗

8.8 2階微分

　導関数が正(負)なら，関数が増加(減少)していることは，これまでに何度も説明してきたとおりです．しかし，一言に増加といっても，図8.5に示すように2とおりの増加の仕方があります．これらは，xが大きくなるに伴い，接線の傾きが大きくなったり，小さくなったりしています．左の図では，接線の傾きが増加しているのに対し，右のそれは減少しています．

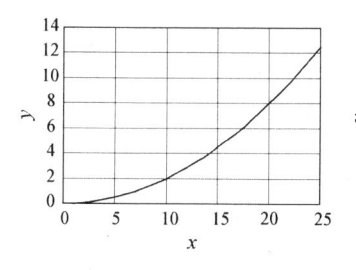

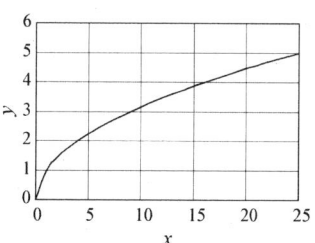

図 8.5: 増加関数

　一方，接線の傾きを表す導関数自身もxの関数です．この導関数がさらにxで微分可能であるとき，**2階微分可能**であるといいます．導関数をもう一度微分することを**2階微分**するといい，関数を2階微分したものを

$$y'', \quad f''(x), \quad f^{(2)}(x), \quad \frac{d^2y}{dx^2}$$

のように表します．左(右)の図では，接線の傾きが大きく（小さく）なっている，つまり接線の傾きがxに関して増加（減少）していることから，関

数を2階微分したもの（接線の傾きを表す導関数をもう一度微分した関数）が正(負)の値をとることが分かります．2階微分の記号を用いると，図8.5の左の場合には

$$y'' > 0$$

であり，右の場合には

$$y'' < 0$$

が成り立ちます．
　上に述べたことから

$$y'' = 0$$

を満足する点では，接線の傾きが増加から減少にというように，関数の増加や減少の仕方が変化します．このような点を**変曲点**といいます．

例題 8.9　$y = f(x)$ が減少関数である場合，2通りの減少の仕方があることを，概略図を書いて説明せよ．また，それぞれの2階微分の符号はどうなるか．

[解説]
　概略図は，図8.6のとおりである．また，2階微分の符号は，左の図の場合

$$y'' > 0$$

であり，右の図の場合には

$$y'' < 0$$

となる．　　(^.^)

8.9　極大，極小の十分条件

　8.8で説明した2階微分を理解すると，極大，極小の十分条件が明らかになります．ここでは，感覚的に説明しましょう．

8.9 極大,極小の十分条件

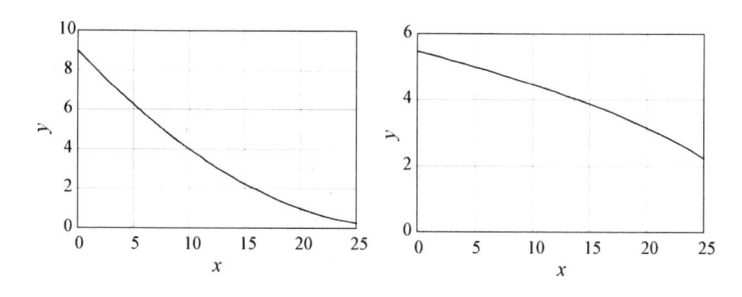

図 8.6: 減少関数

極大とは,これまで増加していた関数が減少に転ずる点です.このような変化が可能であるのは,関数が図 8.5 の右のような増加の仕方をしている場合です.よって,極大の十分条件は

$$f'(x) = 0, \qquad f''(x) < 0$$

です[7].

これに対し,極小とは,これまで減少していた関数が増加に変化する点です.このような変化が可能となるのは,関数が図 8.6 の左のような減少の仕方をしている場合です.よって,極小の十分条件は

$$f'(x) = 0, \qquad f''(x) > 0$$

です[8].

> **例題 8.10** 例題 8.8 の関数 $y = x^3 - 6x^2 + 9x + 8$ に対する,さらに詳しい増減表を作成せよ.

---

[7] $f'(x) = 0, f''(x) < 0$ が成立すれば,x で極大であるという意味です.
[8] $f'(x) = 0, f''(x) > 0$ が成立すれば,x で極小であるという意味です.

[解説]

$$y' = 3x^2 - 12x + 9 = 3(x-1)(x-3)$$
$$y'' = 6x - 12$$

より，増減表は表 8.2 のようになる． (8.8)/

表 8.2: 増減表

x	$x<1$	$x=1$	$1<x<2$	$x=2$	$2<x<3$	$x=3$	$3<x$
y'	+	0	−	−	−	0	+
y''	−	−	−	0	+	+	+
y		極大		変曲点		極小	

8.10 定数 e

経済学，経営学，統計学，確率など，種々の分野で，定数 e という記号が用いられています．これは，次のように定義することができます．

e は，次式を満足するような定数です．

$$\frac{de^x}{dx} = e^x \tag{8.17}$$

すなわち，e^x は，x で微分[9]しても形が変化しません．このように，微分しても形が変わらないことから，定数 e は数学的に非常に取り扱いやすいのです．これが，様々な分野で e が用いられる理由です．

e^x は，x で微分してもその形が変わらないことから

$$e^x \equiv 1 + \frac{x}{1!} + \frac{x^2}{2!} + \frac{x^3}{3!} + \cdots$$

---
[9] $(e^x)'$ は xe^{x-1} ではありません．

8.10 定数 e

$$= \sum_{i=0}^{\infty} \frac{x^i}{i!} \tag{8.18}$$

で与えられます．ただし，$0! = 1$ と定義します．試しに，式 (8.18) の右辺を x で微分してみて下さい[10]．

定数 e の値は，式 (8.18) において，$x = 1$ とすればよく

$$e = \sum_{i=0}^{\infty} \frac{1}{i!} \doteqdot 2.72 \tag{8.19}$$

です[11]．

例題 8.11 $y = e^{2x}$ を微分せよ．

[解説]
 $g(x) = 2x$ と置くと，$y = e^{g(x)}$ なる合成関数を x で微分することになる．よって
$$\frac{dy}{dx} = \frac{dy}{dg}\frac{dg}{dx} = e^{g(x)}(2x)' = 2e^{2x}$$
である． (^_^)

例題 8.12 $y = e^{x^2+3x+1}$ を微分せよ．

[解説]
 $g(x) = x^2 + 3x + 1$ と置くと，$y = e^{g(x)}$ なる合成関数を x で微分することになる．よって
$$\frac{dy}{dx} = \frac{dy}{dg}\frac{dg}{dx} = e^{g(x)}(x^2+3x+1)' = (2x+3)e^{x^2+3x+1}$$
である． (^_^)v

上の2つの例題から，次のような微分公式が導かれます．

$$y = e^{g(x)} \quad \text{のとき} \quad y' = g'(x)e^{g(x)}$$

---

[10]式 (8.18) が $\frac{de^x}{dx} = e^x$ を満たすことは簡単に確認できますが，$\frac{de^x}{dx} = e^x$ を満足するのが式 (8.18) しかないことを証明するのは難しいので省略します．
[11]本書では $\doteqdot 2.72$ の $\doteqdot$ を，"約"という意味で用いています．

これに
$$y = e^x \text{ のとき } y' = e^x$$
も微分公式として加えておきます．

これまでに得られた微分公式をまとめると，次のようになります．
[1] $y = ax^\alpha$ $y' = a\alpha x^{\alpha-1}$
[2] $y = f(x) + g(x)$ $y' = f'(x) + g'(x)$
[3] $y = f(x)g(x)$ $y' = f'(x)g(x) + f(x)g'(x)$
[4] $y = f(g(x))$ $y' = (df/dg)(dg/dx)$
[5] $y = \frac{1}{g(x)}$ $y' = -\frac{g'(x)}{g^2(x)}$
[6] $y = f(x)/g(x)$ $y' = [f'(x)g(x) - f(x)g'(x)]/g^2(x)$
[7] $y = e^x$ $y' = e^x$
[8] $y = e^{g(x)}$ $y' = g'(x)e^{g(x)}$

例題 8.13 $y = (x^2 + 2x + 1)e^{x^2-3x+1}$ を微分せよ．

[解説]
　これは定数 e の微分公式 [8] に，関数の積の微分公式 [3] を合わせて使えばよい．
$$f(x) = x^2 + 2x + 1, \qquad g(x) = e^{x^2-3x+1}$$
と置くと
$$f'(x) = 2x + 2, \qquad g'(x) = (2x - 3)e^{x^2-3x+1}$$
であり，微分公式 [3] より
$$y' = (2x + 2)e^{x^2-3x+1} + (x^2 + 2x + 1)\left[(2x - 3)e^{x^2-3x+1}\right]$$
が得られる．後は，これを整理すればよい．その結果は
$$y' = (x + 1)(2x^2 - x - 1)e^{x^2-3x+1}$$
である．　　(￣△￣;)

8.11 偏微分

例題 8.13［解説］の最終結果の1つ手前まで，頭の中で計算ができれば完璧です．頭の中で計算できなくても，メモ書きすることで最終結果の1つ手前まで計算できるようになれば，それでも十分です．

以上で，変数が1つの場合の微分が終わりです．次の偏微分は，変数が2つ以上の場合を扱う微分の概念です．ここまでで精一杯の人は，本章の残りは読み飛ばしても構いません．

8.11 偏微分

これまで扱ってきた関数は，変数が x のみでした．これに対して，$y = f(x_1, x_2, \cdots, x_n)$ のように，n 個の変数よりなる関数を取り扱う場合も少なくありません．このような場合にも，微分の考え方を適用することができます．

8.11.1 偏微分の考え方

簡単化のため，2変数の関数 $y = f(x_1, x_2)$ を考えます．**偏微分**とは，関心のある変数以外の変数を定数とみなして，関心のある変数で微分することをいいます．例えば，$y = f(x_1, x_2)$ において，x_1 に関する偏微分を行う場合，x_2 を定数とみなして，x_1 についてのみ微分すればよいのです．このようにして得られる微分係数を**偏微分係数**といい，偏微分係数を求めることを**偏微分**するといいます．偏微分係数は

$$\frac{\partial y}{\partial x_1}, \quad \frac{\partial y}{\partial x_2}$$

のように書きます．

> **例題 8.14** $f(x_1, x_2) = x_1^2 + x_1 + 2x_1 x_2 + x_2^2$ を x_1, x_2 のそれぞれについて，偏微分せよ．
>
> ［解説］
> x_1 で偏微分するときは，x_2 を定数とみなして，x_1 で通常の微分を行えばよい．結果は

$$\frac{\partial f(x_1, x_2)}{\partial x_1} = 2x_1 + 2x_2 + 1 \tag{8.20}$$

である.次に,x_2 で偏微分するときは,x_1 を定数とみなして,x_2 で通常の微分を行えばよい.結果は

$$\frac{\partial f(x_1, x_2)}{\partial x_2} = 2x_2 + 2x_1 \tag{8.21}$$

である. (ˆ_ˆ)v

例題 8.14 の $f(x_1, x_2) = x_1^2 + x_1 + 2x_1 x_2 + x_2^2$ において,$x_2 = \alpha$ としてみましょう.その結果は

$$f(x_1, \alpha) = x_1^2 + (2\alpha + 1)x_1 + \alpha^2$$

であり,これは x_1 に関する 2 次関数です.これを x_1 で微分(偏微分ではありません)すると

$$\frac{df(x_1, \alpha)}{dx_1} = 2x_1 + 2\alpha + 1$$

となります.これは,式 (8.20) に $x_2 = \alpha$ を代入したものに等しいことが分かります.

上では,y に $x_2 = \alpha$ を先に代入してから,x_1 について微分しています.これに対し,偏微分では,$f(x_1, x_2)$ を x_1 について先に微分することで,後で x_2 に種々の値を代入できるようにしています.この方が便利ですね.

例題 8.15 $f(x_1, x_2) = -3x_1^3 + 4x_1^2 x_2 - 5x_1 + 3x_1 x_2 + 4x_1 x_2^2 - 5x_2^2$ を x_1, x_2 のそれぞれについて,偏微分せよ.

[解説]
x_1 で偏微分するときは,x_2 を定数とみなして,x_1 で通常の微分を行えばよい.結果は

$$\frac{\partial f(x_1, x_2)}{\partial x_1} = -9x_1^2 + 8x_1 x_2 - 5 + 3x_2 + 4x_2^2$$

8.11 偏微分

である．次に，x_2 で偏微分するときは，x_1 を定数とみなして，x_2 で通常の微分を行えばよい．結果は

$$\frac{\partial f(x_1, x_2)}{\partial x_2} = 4x_1^2 + 3x_1 + 8x_1 x_2 - 10x_2$$

である． \(ˆ_ˆ)/

8.11.2 $\frac{\partial f(x_1,x_2)}{\partial x_1} = 0$ の意味

変数が1つだけである $y = f(x)$ のとき，$y = f(x)$ の極値（極大値や極小値）は，y あるいは $f(x)$ を x で微分して0と置いた式，すなわち $y' = 0$ あるいは $f'(x) = 0$ なる方程式の解に対応していました．

では，変数が2つ以上存在する関数の場合，偏微分して0と置いた方程式の解はどのような意味を持つのでしょうか．

ここでも簡単化のため，2変数の場合を考えますが，$y = f(x_1, x_2)$ を x_1 や x_2 で偏微分し

$$\frac{\partial f(x_1, x_2)}{\partial x_1} = 0 \quad \text{あるいは} \quad \frac{\partial f(x_1, x_2)}{\partial x_2} = 0$$

と置いた方程式の解は，一体どんな働きをするのかについて考えてみましょう．

図 8.7 は

$$y = f(x_1, x_2) = -2x_1^2 + 10x_1 - 2x_1 x_2 + 6x_2 - 4x_2^2 + 10 \tag{8.22}$$

という，式からだけではその形状が想像できないくらい複雑な関数を，3D表示[12]したものです．

式 (8.22) を x_1 で偏微分すると

$$\frac{\partial y}{\partial x_1} = -4x_1 - 2x_2 + 10$$

---

[12]図 8.7 の3Dは，伊藤徹氏が設計・開発した3Dグラフィックソフト，Graph-R Version 1.56 を用いて作成しています．この場を借りて，深く感謝致します．

(a)

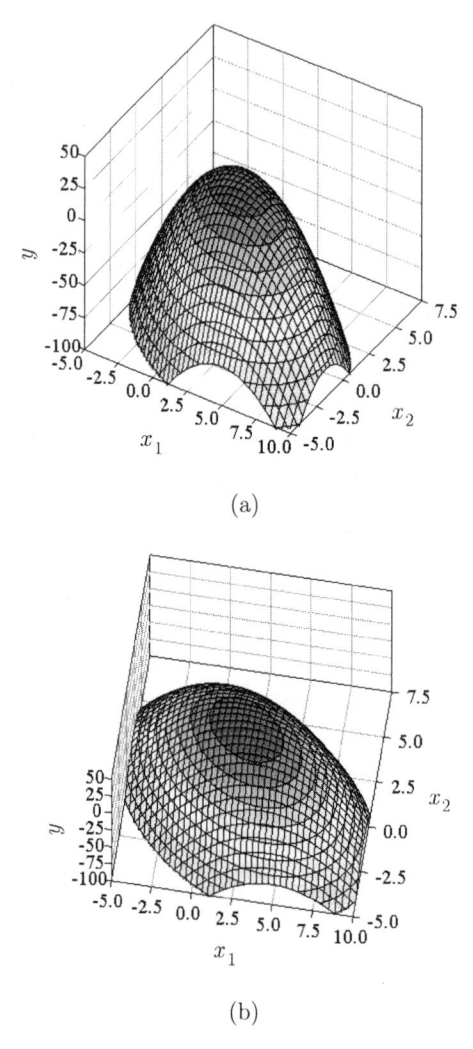

(b)

図 8.7: 式 (8.22) の関数

のようになるので，これを0と置くと

$$2x_1 + x_2 - 5 = 0 \tag{8.23}$$

が得られます．ここで，$x_2 = -5$ と置いてみましょう．すると，式(8.23)は $x_1 = 5$ となります．なお，$x_2 = -5$ は，図8.7(a)では，曲面を切り取っている2つの断面のうちの左側を表しています．この断面は放物線（2次関数）の形をしており，その放物線は $x_1 = 5$ で最大値をとっています．

式(8.23)で $x_2 = 0$ と置くと，$x_1 = \frac{5}{2}$ が得られます．図8.7(a)を $x_2 = 0$ で切った断面もやはり放物線であり，その放物線は $x_1 = \frac{5}{2}$ で最大値をとっています．

結局，式(8.23)は，x_2 をある適当な値に固定したときの断面の最大値（一般には極値）に対応する点 (x_1, x_2) の軌跡を表していることが分かります．このことを覚えておいて下さい．

次に，式(8.22)を x_2 で偏微分すると

$$\frac{\partial y}{\partial x_1} = -2x_1 - 8x_2 + 6$$

となります．これを0と置くと

$$x_1 + 4x_2 - 3 = 0 \tag{8.24}$$

が得られます．ここで，$x_1 = 10$ とおいてみます．すると，式(8.24)は $x_1 = -\frac{7}{4}$ となります．式(8.22)に $x_1 = 10$ を代入した結果は，図8.7(a)で曲面を切り取っている2つの断面のうちの右側を表しています．この断面も放物線の形をしていており，その放物線は $x_1 = -\frac{7}{4}$ で最大値をとっています．

もう予想がついたと思いますが，式(8.24)は，x_1 を適当な値に固定したときの断面の最大値（一般には極値）を与える (x_1, x_2) の軌跡を表していることが分かります．このことも重要です．

ところで，式(8.22)の関数には，最大値が存在することが，図8.7より読み取れます．この最大値は x_2 を固定したときの断面での最大値でもあり，同時に x_1 を固定したときの断面での最大値でもあることから，式(8.23)と

式 (8.24) の両方を満足します．したがって，その解は，これらの 2 つの式を連立方程式と解くことで

$$(x_1^*, x_2^*) = \left(\frac{17}{7}, \frac{1}{7}\right), \quad y^* = \frac{158}{7}$$

となります．

例題 8.16　次式で与えられる関数は，極値をもつことが（事前に）分かっている．このとき，極値を求めよ．

$$y = x_1^2 - 6x_1 + x_1 x_2 - 8x_2 + 2x_2^2 + 5$$

[解説]
　x_1 で偏微分し，0 と置くと

$$2x_1 + x_2 - 6 = 0$$

となる．次に，式 (8.25) を x_2 で偏微分して 0 と置くと

$$x_1 + 4x_2 - 8 = 0$$

を得る．これら 2 つの式を連立させて解くと，

$$(x_1^*, x_2^*) = \left(\frac{16}{7}, \frac{10}{7}\right), \quad y^* = -\frac{53}{7}$$

となり，解は 1 つだけ存在することが分かる．問題の関数には極値が存在することが（事前に）分かっているので，上の解が極値を与えることとなる．

　なお，図 8.8 に，上の関数を 3 D 表示したものを示す．図 8.8 より，極小値（最小値）が存在していることが分かる．

(￣ー￣;)

8.11 偏微分

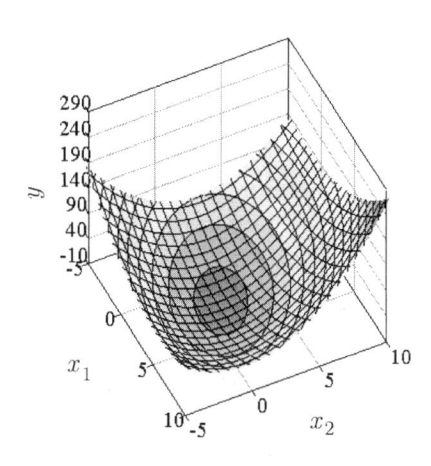

図 8.8: 例題 8.16 の関数

例題 8.17 例題 8.14 に示した関数の極値を求めよ.

[解説]
x_1 で偏微分し，0 と置くと

$$2x_1 + 2x_2 + 1 = 0$$

となる．次に，x_2 で偏微分して 0 と置くと

$$x_1 + x_2 = 0$$

が得られる．これら 2 つの式を連立させて解こうとしても，解が存在しない．このことは，例題 8.14 の関数には極値が存在しないことを意味している[a].

図 8.9 に，例題 8.14 の関数を 3D 表示したものを示す．図 8.9 より，極値が存在していないことが読み取れる． (; -;)

---
[a] 連立方程式に解が存在しても，極値ではない場合も存在する．しかし，ここでの連立方程式には解が存在しないのであるから，極値も存在しないことが分かる．

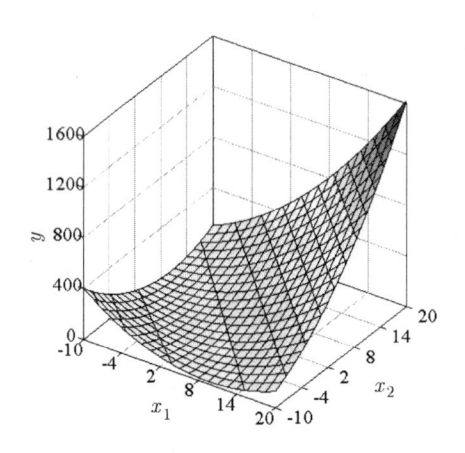

図 8.9: 例題 8.14 の関数

8.11.3 鞍点

次式で与えられる関数を考えてみましょう.

$$y = 3x_1^2 - 6x_1 - 8x_2 - 2x_2^2 + 5 \tag{8.25}$$

x_1 で偏微分し, 0 と置くと

$$6x_1 - 6 = 0$$

となります. 次に, x_2 で偏微分して 0 と置くと

$$4x_2 + 8 = 0$$

が得られます. これら 2 つの式を連立させて解くと,

$$(x_1^*, x_2^*) = (1, -2)$$

8.11 偏微分

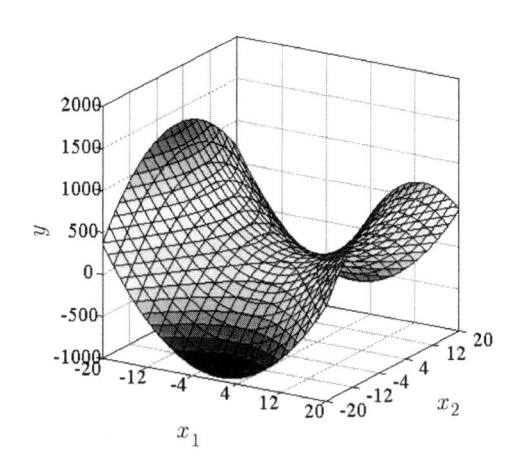

図 8.10: 鞍点

となり，連立方程式の解は1つだけ存在することが分かります．しかし，これは極値ではないことを，図で確認しましょう．図 8.10 に，式 (8.25) の関数を3D表示します．図 8.10 より，式 (8.25) の関数には極値は存在しないことが分かります．

図 8.10 では，x_1 を変化させたとき y を最小にする点が存在し，x_2 を変化させた場合には y を最大にする点が存在していることが分かります．図 8.10 に見られるように，x_1 あるいは x_2 のどちらか一方に関して y を最小にし，もう一方に関して y を最大にするような点のことを**鞍点（あんてん）**といいます．これは，曲面が馬の鞍のような形をしていることからそう呼ばれます．

このように，各変数で偏微分して0とおいて得られる方程式の解は，極値ではなく，鞍点に対応することもあります．

8.12 ポイント

ポイント 8.1　導関数
関数を微分して得られる導関数は，接線の傾きを表す関数である．

ポイント 8.2　微分公式
- [1] $y = ax^\alpha$　　　　　$y' = a\alpha x^{\alpha-1}$
- [2] $y = f(x) + g(x)$　　$y' = f'(x) + g'(x)$
- [3] $y = f(x)g(x)$　　　$y' = f'(x)g(x) + f(x)g'(x)$
- [4] $y = f(g(x))$　　　　$y' = (df/dg)(dg/dx)$
- [5] $y = \frac{1}{g(x)}$　　　　　$y' = -\frac{g'(x)}{g^2(x)}$
- [6] $y = f(x)/g(x)$　　$y' = [f'(x)g(x) - f(x)g'(x)]/g^2(x)$
- [7] $y = e^x$　　　　　　$y' = e^x$
- [8] $y = e^{g(x)}$　　　　　$y' = g'(x)e^{g(x)}$

ポイント 8.3　2階微分
関数の増加（減少）には，2とおりの増加（減少）の仕方がある．これは，関数を2階微分することで，どちらの増加（減少）であるかが判断できる．

ポイント 8.4　極大，極小の十分条件

極大の十分条件　　$f'(x) = 0,\quad f''(x) < 0$

極小の十分条件　　$f'(x) = 0,\quad f''(x) > 0$

ポイント 8.5　定数 e
定数 e は
$$\frac{de^x}{dx} = e^x$$
を満足する．また，e^x は
$$e^x = \sum_{i=0}^{\infty} \frac{x^i}{i!}$$
で与えられる．さらに，$e \fallingdotseq 2.72$ である．

8.13 演習問題

> **ポイント 8.6　偏微分**
> 変数が2つ以上存在する関数では，偏微分を用いる．これは，注目していない変数をすべて定数とみなし，注目の変数で微分することと等しい．

> **ポイント 8.7　極値**
> 変数が2つ以上ある場合の関数がそれぞれの変数で偏微分可能であるとき，その関数の極値は，それぞれの変数で元の関数を偏微分して0と置いて得られた方程式を，連立方程式として解いたときの解に対応している．

8.13　演習問題

演習 8.1　次の関数を微分せよ．

(1) $y = 2x^4$　(2) $y = -5x^{-2}$　(3) $y = 4x^{100}$

演習 8.2　次の関数を微分せよ．

(1) $y = 2x^4 + 3x^2 + 2x$　(2) $y = 9x + 2x^{-1} - 5x^{-2}$

演習 8.3　次の関数を微分せよ．

(1) $y = (2x^4 + 2)(x^3 + 2x^2 - 5)$　(2) $y = (x^2 - 5x - 6)(x^3 - 3x^2 + 5x - 6)$

演習 8.4　次の関数を微分せよ．

(1) $y = \dfrac{1}{x^2}$　(2) $y = \dfrac{3}{2x^2 - 5x + 4}$

演習 8.5　次の関数を微分せよ．

(1) $y = \dfrac{x+1}{x^2 + 2x - 1}$　(2) $y = \dfrac{3x - 5}{2x^2 - 5x + 4}$

演習 8.6 次の関数を微分せよ.

(1) $y = \left(\frac{1}{x} + 1\right)^2$ (2) $y = (x^3 - 1)^3$ (3) $y = 5(x^2 - 2x - 2)^{39}$

演習 8.7 次の関数を微分せよ.

(1) $y = e^{3x}$ (2) $y = e^{2x^2+4}$ (3) $y = e^{-x^2+3x-1}$

演習 8.8 次の関数を微分せよ.

(1) $y = (x^2 + 3x - 1)e^{3x+5}$ (2) $y = (-x^2 - 3x + 5)e^{2x^2+4}$

演習 8.9 次の関数の増減表を作成し,グラフの概形を描け.

(1) $y = 4x^2 - 8x - 3$ (2) $y = 2x^3 + 6x^2 - 8x + 5$

演習 8.10 次の関数を x_1, x_2 でそれぞれ偏微分せよ.

(1) $y = x_1^2 + x_2^2$ (2) $y = e^{-3x_1} + 4x_1 x_2^2$

演習 8.11 次の関数を x_1, x_2 でそれぞれ偏微分せよ.

(1) $y = 4x_1^2 - 3x_1 + x_1 x_2 - 7x_2^2$ (2) $y = 2x_1^2 - x_1 + 5x_1 x_2 - 4x_2 + 3x_2^2$

演習 8.12 次の関数を x_1, x_2 でそれぞれ偏微分せよ.

(1) $y = e^{x_1 + x_2}$ (2) $y = e^{x_1^2 + x_2^2}$

演習 8.13 次の関数を x_1, x_2 でそれぞれ偏微分して,極値を求めよ (極値が存在することは事前に分かっている).

(1) $y = 4x_1^2 - 3x_1 + x_2^2$ (2) $y = 2x_1^2 - x_1 - 4x_2 + x_2^2$

第9章 微分の応用

9.1 在庫管理の問題

9.1.1 在庫管理

コンビニエンスストアでは，商品がなくなりそうになると，すぐに補充します．これは，その商品を買おうと思って顧客が来たとき，もしその商品がなければ何も買わずに帰ってしまう可能性があるからです．また目的の商品がなくても，顧客は一度や二度くらいは代わりの商品を買ってくれるかも知れません．しかし，その商品がないという状態がいつもいつも続くと，その顧客は二度とそのコンビニには来なくなるでしょう．このように必要な商品がないことを**品切れ**と呼びます．

工場などの生産システムにおいても，この品切れと同じ概念があります．ベルトコンベアに乗って流れてくる電化製品を組み立てているときに，ボルトなどの部品が1つ不足しただけでも，作業そのものが継続できなくなり，ベルトコンベアを停止しなければならなくなります．これは，大きな損失につながります．

こうした品切れを防ぐためには，商品がある程度にまで減ってくると，その商品を補充すべく，メーカーに対してある分量を注文しなければなりません．このように注文することを，**発注**といいます．しかし，メーカーに商品を注文しても，それが即座に届く訳ではありません．発注してから何時間かあるいは何日間か経過後にやっと商品が届きます．このように，商品を発注してから，それが届くまでの時間差を**リードタイム**と呼びます．

在庫管理は，ある程度の在庫を保持することで商品の品切れを防ぎつつ，かといって常に多くの在庫をもっていたのでは，その維持管理に経費がか

かるため，タイミングよく，適切な量を発注して，商品を補充することなどを目的としています．

9.1.2 発注量

1日当たりの需要量が a である商品の単位量を1日保管するために必要な在庫維持管理費用を c_1 とします．また，在庫がなくなりそうになると，品切れを防止する意味で，いくらかの商品を発注しますが，1回当たりの発注費用を c_2 で表します．このような状況のもと1回当たりに発注すべき量 Q を求めてみましょう．

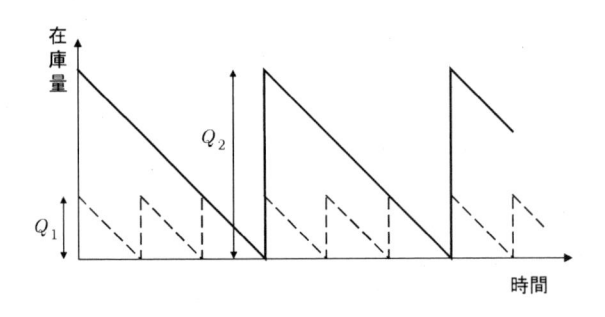

図 9.1: 在庫量の変化

図 9.1 は，横軸に時間を，そして縦軸に在庫量をとったときの，在庫量の変化を表したものです．1日当たりの需要量が a で一定であることから，在庫量は時間に関して直線的に減少します．次に，リードタイムを L とし，在庫が aL にまで減少した時点で，毎回一定量 Q を発注することを考えます．このような在庫管理を考えるとき，在庫量の変化は図 9.1 に示すように，時間軸に関してノコギリの歯のような形になります（実線あるいは破線）．

1回当たりの発注量 Q を小さくして小刻みに発注すると（図 9.1 の Q_1 および破線），延べで保持する在庫量は少なくて済みますが，頻繁に発注する

9.1 在庫管理の問題

ことになります．これに対して，1回当たりの発注量 Q を大きくして，発注頻度を小さくすると（図 9.1 の Q_2 および実線），延べで保持する在庫量が大きくなってしまいます．

したがって，適切な発注量がどのような大きさであるのかについて調べる必要が発生します．以下では，微分の応用として，在庫管理の最も基本概念である**経済的発注量**（**EOQ**: Economic Order Quantity）について説明します．

9.1.3 在庫管理費用

ここでは，1日当たりにかかる在庫管理費用を導出しましょう．毎回の発注量を Q とすると，在庫量の変化は図 9.2 のようになります．

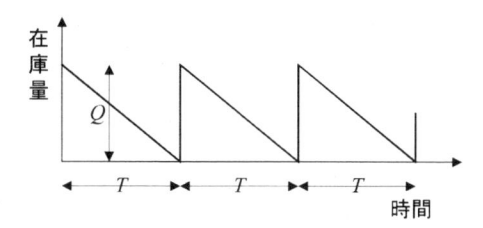

図 9.2: 在庫量の変化

図より，在庫量の変化は合同な三角形を繰り返すので，このうちの1つに注目します．在庫が補充され Q になった後，それが無くなるまでの時間は

$$T = \frac{Q}{a} \tag{9.1}$$

です．また，1つの三角形での延べの在庫量は，三角形の面積で与えられ

$$S = \frac{QT}{2}$$

です．よって，商品の維持管理費用は，単位量当たり，1日当たり c_1 であるので，三角形1つ当たりの在庫維持管理費用は

$$c_1 S = \frac{c_1 QT}{2}$$

となります.

一方,三角形1つ当たりの発注費用はc_2であることから,三角形1つ当たりでの総費用は

$$\frac{c_1 QT}{2} + c_2$$

となります.したがって,1日当たりの総費用は

$$C(Q) = \frac{\frac{c_1 QT}{2} + c_2}{T} = \frac{c_1 Q}{2} + \frac{c_2}{T} \tag{9.2}$$

で与えられます.

ここで,式(9.1)のTを式(9.2)に代入して,Tを消去すると

$$C(Q) = \frac{c_1 Q}{2} + \frac{c_2 a}{Q} \tag{9.3}$$

が得られます.

9.1.4 最適発注量

ここでは,式(9.3)に導出した1日当たりの費用$C(Q)$を最小にするような最適発注量Q^*を求めましょう.

$C(Q)$をQで微分すると

$$\frac{dC(Q)}{dQ} = \frac{c_1}{2} - \frac{c_2 a}{Q^2}$$

が得られます.これを0と置いて,得られた方程式をQに関して解いた解は

$$Q^* = \sqrt{\frac{2c_2 a}{c_1}} \tag{9.4}$$

であり,方程式の解は,Q^* 1つだけです.さらに,$Q < Q^*$の範囲で,$C'(Q) < 0$,$Q > Q^*$の範囲で,$C'(Q) > 0$を満足します.極値がたった1つだけであり,$Q < Q^*$の範囲で,$C'(Q) < 0$,$Q > Q^*$の範囲で,$C'(Q) > 0$であることから,上のQ^*が$C(Q)$を最小にするという意味での最適発注量であるこ

とが分かります．この Q^* が前述した**経済的発注量**ですが，これは費用を最小にするという意味で，**経済的**発注量と呼ばれています．

Q^* は，在庫維持管理費用 c_1 と1回当たりの発注費用 c_2 に依存しています．

式 (9.4) より，c_1 が大きくなると Q^* は小さくなります．これは，c_1 が大きいと在庫維持管理費用がかさむからです．一方，c_2 が大きくなると，Q^* は大きくなります．これは，c_2 が大きいと1回当たりの発注費がかさむ関係で，発注頻度を小さくしようとするからです．

このように，Q^* は，c_1 と c_2 のバランスを考えたものになっています．

なお，テキストによっては，異なった記号の定義，あるいは異なった導出方法を採用している場合がありますが，いずれも同じ意味です．

例題 9.1 単位時間当たりの需要量が 7，単位商品当たり，単位時間当たりの在庫維持管理費用が 10 円，1 回当たり発注費用が 1,000 円であるときの経済的発注量を求めよ．

[解説]

経済的発注量の公式 (9.4) に，$a = 7$，$c_1 = 10$，$c_2 = 1000$ を代入すると

$$Q^* = \sqrt{\frac{2 \times 1000 \times 7}{10}} = 37.42$$

であるので，37 あるいは 38 が最適発注量である． $(\sigma\_\sigma)_{vv}V$

9.2 供給量と価格

9.2.1 供給量と価格の関係

ここでは，19世紀前半のフランスを代表する経済学者である**クールノー** (Cournot, Antoine Augustin) が提唱した数学モデル[1]をアレンジし，微分の応用として紹介します．

---

[1] 19世紀前半なので，かなり古いですが，今でも経済学の分野で利用されています．単純明快だからでしょう．

1つの大きな企業が市場を独占している状況を考えましょう．これを**独占市場**といいます[2]．

一般に市場にモノを多く供給すると，その価格は下がります．価格が下がっても，相当大きな量が売れれば利益は十分に出せるかも知れません．しかしあまりにも価格が下がってしまうと，今度は利益が出せなくなる可能性が生じます

逆に市場に供給するモノが少ないと，価格は高くなります．価格が高すぎると，ほとんど売れなくなり，これもまた利益が出せないかも知れません．

このように，市場での価格は，市場に供給する量によって決まるという側面があります．では，一体どれくらいの量を供給すれば，企業の利益が最大になるのでしょう．

上に説明したことを，以下のように非常に単純な数式で表してみましょう．はじめに，供給量 Q と価格 $p(Q)$ の関係を次式で表します．

$$p(Q) = a - Q \tag{9.5}$$

ここで，Q は製品の供給量，$p(Q)$ はその価格を表します．また，$a(>0)$ は定数です．さらに，価格は $p(Q) \geq 0$ を満足するので，Q の定義域[3]は

$$0 \leq Q \leq a$$

です．$Q = 0$ は，一切市場に供給しないことを意味しています．これに対し $Q = a$ は，価格が $p(Q) = 0$ となるので，無料で供給することを意味しています．

本当に供給量と価格がこのような単純な数式で表現できるのかどうかはさておき，少なくとも式 (9.5) は，Q が大きくなると，$p(Q)$ が小さくなり，Q が小さくなると $p(Q)$ が大きくなることを表現しています．

---

[2]競合する2つの大きな企業が市場を占有している場合を**複占**といいます．3つ以上の場合は**寡占**（かせん）といいます．知っていて損はしない用語です．
[3]Q が取りうる値の範囲です．

9.2.2 最適供給量

次に，単位当たりの製品の生産費を c とすると，単位当たりの製品から得られる利益は
$$p(Q) - c$$
です．よって，供給量（生産量）が Q であるときの総利益[4] $G(Q)$ は
$$G(Q) = Q\left[p(Q) - c\right] \tag{9.6}$$
となります．式 (9.6) に，式 (9.5) を代入して $p(Q)$ を消去すると
$$G(Q) = Q(a - c - Q) \tag{9.7}$$

供給量が Q であるときの利益が式 (9.7) の $G(Q)$ で与えられるとき，これを最大にするような供給量を求めてみましょう．

$G(Q)$ を Q で微分すると
$$G'(Q) = (a - c - Q) + Q(-1) = a - c - 2Q$$
となります．ただし，ここでの微分は，微分公式 [3] を用いました[5]．これを 0 と置いて，Q について解くと
$$Q^* = \frac{a-c}{2} \tag{9.8}$$
が得られます．

- 方程式の解は Q^* 1 つだけ
- $Q < Q^*$ では $G'(Q) > 0$，$Q > Q^*$ では $G'(Q) < 0$．
- Q^* は Q の定義域 $0 \leq Q^* \leq a$ を満足する

---

[4] 市場に供給した製品はいずれすべて売れると考えています．
[5] 式 (9.7) を展開してから微分しても構いません．

ことから，Q^* が $G(Q)$ を最大にするという意味で，最適供給量を与えています．

このとき，企業の利益 $G(Q^*)$ は

$$G(Q^*) = Q^*(a-c-Q^*) = \frac{(a-c)^2}{2} - \frac{(a-c)^2}{4}$$
$$= \frac{(a-c)^2}{4}$$

となります．

9.3 価格と需要量

9.2 で用いたクールノーのモデルのアレンジ版をさらにアレンジし，価格と需要量の関係を

$$D(p) = a - p \tag{9.9}$$

で表してみましょう[6]．ここに，$D(p)$ は価格が p であるときの需要量を表しており，$a(>0)$ は定数です．ただし，今度は生産費を c とし，価格 p の定義域を

$$c \leq p \leq a \tag{9.10}$$

とします．なお

$$a > c$$

を暗黙の内に仮定しています[7]．

現実の価格と需要量の関係が本当に式 (9.9) で表現できるのかどうかはさておき，式 (9.9) では，少なくとも価格が下がれば需要量は増え，価格が上がれば需要量が減ることは表現できています．

---

[6] 価格と需要量を表す代表的なモデルに，ベルトランのモデル (演習問題 9.5 参照) がありますが，ここでは式 (9.9) の構造を考えることにします．なお，ベルトラン (Bertrand, Joseph Louis François) も 19 世紀のフランスを代表する経済学者です．

[7] 式 (9.9) より，価格 p の取りうる値の最大値は a です．もし，$a \leq c$ ならば，最も高く販売しても利益が出せなくなります．このような場合には，最初から販売することを考えないので，ここでは除外します．

9.3 価格と需要量

式 (9.9) の下では，総利益 $G(p)$ は

$$G(p) = D(p)(p-c) = (a-p)(p-c) \tag{9.11}$$

で与えられます．

よって，$G(p)$ を最大にする価格は次のようにして求めることができます．$G(p)$ を p で微分すると

$$G'(p) = -(p-c) + (a-p) = -2p + (a+c)$$

となります．ただしここでの微分も，微分公式 [3] を用いました[8]．これを 0 と置いて，p について解くと

$$p^* = \frac{a+c}{2} \tag{9.12}$$

が得られます．

- 方程式の解は p^* 1 つだけ

- $p < p^*$ では $G'(p) > 0$，$p > p^*$ では $G'(p) < 0$．

- $c < p^* < a$ であり，の定義域 $c \leq p^* \leq a$ を満足する

ことから，p^* が $G(p)$ を最大にするという意味で，最適価格を与えています．

なお，価格を $p = p^*$ としたときの利益は

$$\begin{aligned} G(p^*) &= (a-p^*)(p^*-c) = \left(a - \frac{a+c}{2}\right)\left(\frac{a+c}{2} - c\right) \\ &= \frac{(a-c)^2}{4} \end{aligned}$$

となります．

---

[8] 式 (9.11) を展開してから微分しても構いません．

9.4　正規分布のモード

第4章で**正規分布**について説明しました．図4.3に示したような左右対象の形は

$$f(x) = \frac{1}{\sqrt{2\pi}\sigma} e^{-\frac{(x-\theta)^2}{2\sigma^2}} \tag{9.13}$$

なる数式で与えられます[9]．この分布のモード（最頻値），すなわち式(9.13)で与えられる関数の最大値を求めてみましょう．

$f(x)$ を x で微分すると

$$f'(x) = \frac{1}{\sqrt{2\pi}\sigma} \times \left[-\frac{(x-\theta)}{\sigma^2}\right] e^{-\frac{(x-\theta)^2}{2\sigma^2}}$$

が得られます[10]．これを0と置いた方程式を x について解くと，

$$e^{-\frac{(x-\theta)^2}{2\sigma^2}} > 0$$

より

$$x^* = \theta \tag{9.14}$$

となります．θ は平均であることについては4.3で説明しましたが

- 方程式の解はただ1つだけである，
- $x < \theta$ に対して $f'(x) > 0$，$x > \theta$ に対しては $f'(x) < 0$ であること

より，θ がモードでもあることが示されました．

> **例題 9.2**　第4章で，**標準正規分布**についても説明しました．その形を与える式は
> $$f(z) = \frac{1}{\sqrt{2\pi}} e^{-\frac{z^2}{2}}$$
> である．モードを求めよ．

---

[9] これを確率密度関数と呼びます．

[10] $\frac{(x-\theta)^2}{2\sigma^2}$ を $g(x)$ とみなし，$f[g(x)]$ という合成関数の微分を行っています（微分公式[4]）．

> [解説]
> 正規分布の平均 θ はモードでもあることは既に示したとおりである．この意味では，標準正規分布の平均は 0 であることから，モードも 0 である．しかし，これではあまりにも簡単なので，微分の練習を兼ねて，$f(z)$ を z で微分してみよう．
> $f(z)$ を z で微分すると
> $$f'(z) = \frac{1}{\sqrt{2\pi}} \times (-z)e^{-\frac{z^2}{2}}$$
> を得る．これを 0 と置いた方程式を解くと
> $$z^* = 0$$
> が得られる．よって，標準正規分布のモードが 0 であることが示された． (^_^)vvV

9.5 小売り業における山積み商品

ここで説明するモデルは，有名な学者が提案したものでも何でもありません．著者らが即興で作ったモデルです．しかし，現実のある側面を表しているとも考えられますので，取り上げてみます．

小売業では，商品を常に山積みにしておくことで，商品がよく売れたりすることがよくあります．しかし，商品を常に山積みにしておくことは，それだけの売り場スペースを占有することにもなります．どの程度山積みにしておけばよいのかを考えてましょう．

小売店舗において，ある商品を分量 x だけ山積みにしておくと，1 日の商品の需要量 $S(x)$ が，過去の経験から

$$S(x) = \alpha\left(1 - e^{-\beta x}\right), \quad \alpha, \beta > 0 \tag{9.15}$$

のように表現できることが分かっているとします．

式 (9.15) を x で微分すると

$$S'(x) = \alpha\beta e^{-\beta x} > 0$$

となります $(e^{-\beta x} > 0)$. これは，商品の量 x を大きくすると，需要量 $S(x)$ も大きくなることを意味しています．

$S(x)$ を2階微分してみると

$$S''(x) = -\alpha\beta^2 e^{-\beta x} < 0$$

が得られます．これは，需要量 $S(x)$ の増加の仕方が，図 8.5 の右のような形をしていることを意味します．$S(x)$ が図 8.5 の右のような増加の仕方をするならば，商品の量 x をある程度大きくしてしまうと，それ以上 x を大きくしても，$S(x)$ はあまり大きくならないことを意味しています．現実にもこれと同じような側面があります．

次に，商品1個当たりの販売価格を p，仕入れ値を q とし，商品1個当たりが占有する売り場スペースにかかる費用[11]を c とします．

このとき，利益 $P(x)$ は

$$P(x) = \alpha\left(1 - e^{-\beta x}\right)(p - q) - cx \tag{9.16}$$

で与えられます．以下では，$P(x)$ を最大にするような商品の山積み量について調べてみましょう．

$P(x)$ を x で微分すると

$$P'(x) = \alpha\beta(p - q)e^{-\beta x} - c$$

となります．これを0と置いた方程式の解は

$$x^* = -\frac{1}{\beta}\ln\frac{c}{\alpha\beta(p - q)}$$

です[12]．

- 方程式の解はただ1つだけである，

[11]他の平均的な売れ行きを示す商品1個から得られる利益と考えることができます．何故なら，山積みの対象となる商品を展示するために，他の平均的な売れ行きの商品が展示できなくなるからです．

[12]ln は，底が定数 e の自然対数を表します．もし，対数を知らなければ，$P'(x) = 0$ を x について解くことができると理解すれば十分です．

- $x < x^*$ に対して $P'(x) > 0$, $x > x^*$ に対しては $P'(x) < 0$ であることより，x^* が，利益 $P(x)$ を最大にするという意味での最適な展示量であることが分かります．

9.6 ポイント

> **ポイント 9.1** 経済的発注量 (EOQ: Economic Order Quantity)
> 経済的発注量は
> $$Q^* = \sqrt{\frac{2c_2 a}{c_1}}$$
> である．ここに，c_1 は単位製品当たり，単位時間当たりの在庫維持管理費を表しており，c_2 は1回当たりの発注費を表す．また，a は単位時間当たり需要量（需要速度）である．

9.7 演習問題

演習 9.1 1日当たりの需要量が7個である商品の，1日，1個当たりの在庫維持管理費用は50円である．この商品の1回当り発注費用は（発注量に関係なく）1000円である．このような商品の最適発注量 Q^* を求めよ．

演習 9.2 演習問題9.1で，1回当たり発注費用が5,000円の場合の最適発注量 Q^* を求めよ．

演習 9.3 演習問題9.1で，1日，1個当たりの在庫維持管理費用が20円である場合の最適発注量 Q^* を求めよ．

演習 9.4 演習問題9.1で，1日当たりの需要量が9個である商品の，最適発注量 Q^* を求めよ．

演習 9.5 2つの競合する[13]企業1と2があり，企業 i が製品の価格を p_i とし，企業 j が製品価格を p_j としたとき，企業 i, j の製品の需要量は

$$q_i(p_i, p_j) = a - p_i + b p_j$$

---
[13]同じような製品を製造販売していると考えればよい．

$$q_j(p_j, p_i) = a - p_j + bp_i$$

で与えられることが分かっているものとする．例えば，企業 1 に注目すると，企業 1 の製品に対する需要量は

$$q_1(p_1, p_2) = a - p_1 + bp_2$$

である．企業 1，2 ともに，製品 1 個当たりの製造価格を c とするとき，企業 1 の利益を最大にするような価格 p_1 を求めよ（p_2 の関数になる）．また，企業 2 の利益を最大にするような価格 p_2 を求めよ（p_1 の関数になる）．

第10章　演習問題解答

第2章 演習問題解答

2.1 $a_8 = 1 + (8-1) \times 2 = 15, \quad a_n = 1 + (n-1) \times 2 = 2n - 1$

2.2 $a_4 = \frac{1}{2} \times \left(\frac{1}{2}\right)^{4-1} = \frac{1}{16}, \quad a_n = \frac{1}{2} \times \left(\frac{1}{2}\right)^{n-1} = \frac{1}{2^n} \ (= 2^{-n})$

2.3 初項が $a = 16$，公比が $r = \frac{1}{2}$ であるから，
$a_6 = 16 \times \left(\frac{1}{2}\right)^{6-1} = \frac{1}{2}$,
$a_n = 16 \times \left(\frac{1}{2}\right)^{n-1} = 2^4 \times \frac{1}{2^{n-1}} = \frac{1}{2^{n-5}} \ (= 2^{5-n})$

2.4 初項が $a = 1$，公差が $d = 3$ であるから
$S_{10} = \dfrac{10 \times (2 + 9 \times 3)}{2} = 145$,
$S_n = \dfrac{n\left(2 + (n-1) \times 3\right)}{2} = \dfrac{n(3n-1)}{2}$

2.5 初項が $a_1 = a = 5$，末項が $a_n = 95$，項数が $n = 10$ であるから
$S_{10} = \dfrac{10 \times (5 + 95)}{2} = 500$
末項が $a_{10} = 95$ であるから，$95 = 5 + (10-1) \times d$ を解くと，$d = 10$

2.6 初項が $a = 1$，公比が $r = \frac{1}{2} \neq 1$ であるから
$S_{10} = \dfrac{1 \times \left[1 - \left(\frac{1}{2}\right)^{10}\right]}{1 - \frac{1}{2}} = \left[1 - \left(\frac{1}{2}\right)^{10}\right] \div \frac{1}{2} = 2 - \frac{1}{2^9} \ \left(= \frac{1023}{512}\right)$
$S_n = \dfrac{1 \times \left[1 - \left(\frac{1}{2}\right)^n\right]}{1 - \frac{1}{2}} = \left[1 - \left(\frac{1}{2}\right)^n\right] \div \frac{1}{2} = 2 - \frac{1}{2^{n-1}}$

2.7 （例）$\sum_{i=4}^{n} a_i^3, \quad \sum_{i=1}^{n-3} a_{i+3}^3$ など

2.8 　（例）$\displaystyle\sum_{i=1}^{91} a_{101-i}$, $\displaystyle\sum_{i=90}^{100} a_i$ など

2.9 　（例）$\displaystyle\sum_{i=n}^{2n} a_i$, $\displaystyle\sum_{i=1}^{n+1} a_{i+n-1}$ など

2.10 　（例）$\left(\displaystyle\sum_{i=1}^{n} a_i\right)\left(\displaystyle\sum_{i=1}^{n} b_i\right)$

2.11
$$k\sum_{i=1}^{n} a_i = k(a_1 + a_2 + \cdots + a_n) = ka_1 + ka_2 + \cdots + ka_n$$

2.12
$$\begin{aligned}\sum_{i=1}^{n}(a_i + b_i) &= (a_1 + b_1) + (a_2 + b_2) + \cdots + (a_n + b_n) \\ &= (a_1 + a_2 + \cdots + a_n) + (b_1 + b_2 + \cdots + b_n) \\ &= \sum_{i=1}^{n} a_i + \sum_{i=1}^{n} b_i\end{aligned}$$

第 3 章　演習問題解答

3.1
$$100 \times (1 + 10 \times 0.02) = 120$$
より，120 万円である．

3.2
$$100 \times (1 + 15 \times 0.03) = 145$$
より，145 万円である．

3.3
$$100 \times (1 + 0.02)^{10} = 121.9$$
より，121.9 万円である．

3.4
$$100 \times (1+0.03)^8 = 126.7$$

より，126.7 万円である．

3.5　100 万円の終価は

$$S = 100\,[P \to S]_{10}^{0.02} = 100 \times 122 = 122$$

より，122 万円である．よって，現在の 100 万円の価値の方が大きい．

あるいは，10 年後の 110 万円の現価を求めてもよい．

10 年後の 110 万円の現価は

$$P = 110\,[S \to P]_{10}^{0.02} = 110 \times 0.820 = 90.2$$

より，90.2 万円である．よって，現在の 100 万円の方が価値が大きい．

3.6　終価は

$$S = 102\,[P \to S]_{5}^{0.03} = 102 \times 1.16 = 118.32$$

万円である．

3.7　現価は

$$P = 105\,[S \to P]_{5}^{0.03} = 105 \times 0.863 = 90.615$$

万円である．

3.8　年価は

$$M = 100\,[P \to M]_{5}^{0.03} = 100 \times 0.218 = 218$$

万円である．

3.9 年価は

$$M = 1000\,[P \to M]_{10}^{0.02} = 1000 \times 0.111 = 111$$

万円である．

3.10 年価は

$$M = 105\,[S \to M]_{5}^{0.03} = 105 \times 0.188 = 19.74$$

万円である．

3.11 年価は

$$M = 1000\,[S \to M]_{10}^{0.02} = 1000 \times 0.0913 = 91.3$$

万円である．

3.12 現価は

$$M = 100\,[M \to P]_{10}^{0.03} = 100 \times 8.53 = 853$$

万円である．

3.13 終価は

$$M = 100\,[M \to S]_{10}^{0.03} = 100 \times 11.5 = 1150$$

万円である．

3.14 毎年年始めに積み立てることから

$$\begin{aligned}
S &= M(1+\alpha)^n + M(1+\alpha)^{n-1} + \cdots + M(1+\alpha) \\
&= M(1+\alpha)\frac{(1+\alpha)^n - 1}{\alpha} \\
&= M(1+\alpha)\,[M \to S]_n^{\alpha}
\end{aligned}$$

となり，毎年年末に積み立てるよりも丁度1年分の利息が増えることとなる．

3.15 現価法を用いる場合には，次のようにすればよい．正味現価は

$$P = 15\,[M \to P]_{10}^{0.03} - 100$$

$$= 15 \times 8.53 - 100$$

$$= 27.95 > 0$$

であるから，この投資案は採択すべきである．

3.16 上と同じく現価法を用いよう．正味現価は

$$P = 15 \times [M \to P]_{10}^{0.02}$$

$$= 15 \times 8.98 - 100$$

$$= 34.7 > 0$$

であるから，この投資案も採択すべきである．

3.17 投資額が90万円で，年利率が1%ならば，正味現価は

$$P = 10\,[M \to P]_{10}^{0.01} - 90$$

$$= 10 \times 9.47 - 90 > 0$$

となり，この投資は行うべきである．

第4章 演習問題解答

4.1 平均は$\bar{x} = 13.6$であり，分散は$V = 5.64$，標準偏差は$\sigma = 2.37$である．

4.2 $-1.52, -1.10, -0.68, -0.68, -0.25, 0.17, 0.17, 1.01, 1.01, 1.86$

4.3 演習4.2のデータの平均，分散，標準偏差をそれぞれ$\bar{z}, V_z, \sigma_z$と書くこととすると，$\bar{z} = -0.001$, $V_z = \sigma_z = 1.00$である．なお，$\bar{z} = 0$でないのは，データを四捨五入したことにより誤差が生じたためである．

4.4 平均，分散，標準偏差はそれぞれ $\bar{x} = 136$, $V = 634$, 標準偏差は $\sigma = 25.18$ である．

4.5 $-1.43, -1.23, -0.83, -0.64, -0.04, 0.16, 0.16, 0.95, 1.15, 1.75$

4.6 演習4.4のデータの平均，分散，標準偏差をそれぞれ $\bar{z}$, V_z, σ_z と書くこととすると，$\bar{z} = 0.00$, $V_z = \sigma_z = 1.00$ である．

4.7 分散の定義式 (4.4) に含まれる ( )^2 を展開すると

$$V = \frac{\sum_{i=1}^n (x_i^2 - 2x_i\bar{x} + \bar{x}^2)}{n} = \frac{\sum_{i=1}^n x_i^2 - 2\bar{x}\sum_{i=1}^n x_i + n\bar{x}^2}{n}$$

$$= \frac{\sum_{i=1}^n x_i^2}{n} - \frac{2\bar{x}\sum_{i=1}^n x_i}{n} + \bar{x}^2 = \frac{\sum_{i=1}^n x_i^2}{n} - \bar{x}^2$$

より，式 (4.5) が証明された．

4.8 平均が100，標準偏差が10の正規分布に従うので
(1) $[93.33, 106.67]$ に全体の約 $1/2$ が含まれる．
(2) $[90, 110]$ に全体の約 $2/3$ が含まれる．
(3) $[80, 120]$ に全体の約 95% が含まれる．
(4) $[70, 130]$ に全体の約 99.7% が含まれる．

4.9 平均が0，標準偏差が5の正規分布に従うので
(1) $[-3.33, 3.33]$ に全体の約 $1/2$ が含まれる．
(2) $[-5, 5]$ に全体の約 $2/3$ が含まれる．
(3) $[-10, 10]$ に全体の約 95% が含まれる．
(4) $[-15, 15]$ に全体の約 99.7% が含まれる．

4.10 上位 $1/6$ あたりに位置している．

4.11 下位 $1/6$ あたりに位置している．

4.12 上位 0.15% あたりに位置している．

4.13 下位 0.15% あたりに位置している．

第5章 演習問題解答

5.1
$$\begin{bmatrix} 8 & 8 & 8 & 8 \\ 8 & 8 & 8 & 8 \\ 8 & 8 & 8 & 8 \\ 8 & 8 & 8 & 8 \end{bmatrix}$$

5.2
$$\begin{bmatrix} -6 & -4 & -2 & 0 \\ -4 & -2 & 0 & 2 \\ -2 & 0 & 2 & 4 \\ 0 & 2 & 4 & 6 \end{bmatrix}$$

5.3

(1) $\begin{bmatrix} 1 & 2 & 3 \\ 2 & 3 & 4 \\ 3 & 4 & 5 \end{bmatrix}$ (2) $\begin{bmatrix} 0 & 2 & 3 & 4 \\ 6 & 5 & 1 & 2 \\ 3 & 1 & -1 & 7 \\ 10 & 0 & 5 & -2 \end{bmatrix}$

5.4

(1) $\begin{bmatrix} 3 \\ 6 \\ 9 \end{bmatrix}$ (2) $\begin{bmatrix} 7 & 8 \\ 4 & 5 \\ 1 & 2 \end{bmatrix}$

5.5

(1) $\begin{bmatrix} 39 \\ 66 \end{bmatrix}$ (2) $\begin{bmatrix} 3 & 2 & 1 \\ 7 & 3 & 4 \\ 3 & 1 & 2 \end{bmatrix}$

5.6

(1) $\begin{bmatrix} 3 & 2 & 1 \\ 6 & 5 & 4 \\ 9 & 8 & 7 \end{bmatrix}$ (2) $\begin{bmatrix} 7 & 8 & 9 \\ 4 & 5 & 6 \\ 1 & 2 & 3 \end{bmatrix}$

5.7

(1) $\begin{bmatrix} 6 & 7 & 5 \\ 2 & 3 & 1 \\ 4 & 4 & 4 \end{bmatrix}$ (2) $\begin{bmatrix} 4 & 3 & 4 \\ 3 & 5 & 3 \\ 4 & 5 & 4 \end{bmatrix}$

5.8

$$\begin{bmatrix} 1 & 0 \\ 0 & 1 \end{bmatrix} \begin{bmatrix} 2 & 3 \\ 8 & 5 \end{bmatrix} = \begin{bmatrix} 2 & 3 \\ 8 & 5 \end{bmatrix} \begin{bmatrix} 1 & 0 \\ 0 & 1 \end{bmatrix} = \begin{bmatrix} 2 & 3 \\ 8 & 5 \end{bmatrix}$$

5.9

(1) $\begin{bmatrix} 1 & 0 \\ 0 & 1 \end{bmatrix}$ (2) $\begin{bmatrix} -2 & 1 \\ \frac{3}{2} & -\frac{1}{2} \end{bmatrix}$

5.10

(1) $\begin{bmatrix} 0 & 0 & 1 \\ -1 & 1 & 0 \\ 1 & 0 & 0 \end{bmatrix}$ (2) $\begin{bmatrix} 0 & 0 & 1 \\ \frac{2}{3} & -\frac{1}{3} & 0 \\ -\frac{1}{3} & \frac{2}{3} & -1 \end{bmatrix}$

第6章 演習問題解答

6.1 各製品のシェアを計算すると次のとおりである．

$$\frac{1}{100}\boldsymbol{a} = (0.35,\ 0.3,\ 0.25,\ 0.15)$$

6.2 理系としての成績集計結果は，重みを表すベクトルを

$$\boldsymbol{w_1}' = (1,\ 1,\ 0,\ 1,\ 0)$$

とし，各生徒の成績をベクトル $\boldsymbol{y}' = (y_1, y_2, \cdots, y_n)$ と表すと

$$\boldsymbol{y} = \boldsymbol{X}\boldsymbol{w_1}$$

で求められる．

これに対して，文系としての成績集計結果は，重みを表すベクトルを

$$w_2' = (1,\ 0,\ 1,\ 0,\ 1)$$

とし，各生徒の成績をベクトル $z' = (z_1, z_2, \cdots, z_n)$ と表すと

$$z = Xw_2$$

で求められる．

6.3 理系としての成績集計は，演習 6.2 の解答で，重みを表すベクトルを

$$w_1' = (2,\ 2,\ 1,\ 2,\ 1)$$

とし，文系としての成績集計は，演習 6.2 の解答で，重みを表すベクトルを

$$w_2' = (2,\ 1,\ 2,\ 1,\ 2)$$

として，演習 6.2 と同様の計算を行えばよい．

6.4 行列 A，列ベクトル x, z を次のように定義する．

$$A = \begin{bmatrix} 2 & 1 \\ 3 & -1 \end{bmatrix},\quad x = \begin{pmatrix} x \\ y \end{pmatrix},\quad z = \begin{pmatrix} 4 \\ 1 \end{pmatrix}$$

このとき，問題の連立方程式は

$$Ax = z$$

のように表現される．

6.5 行列 A の逆行列を求めると

$$A^{-1} = \begin{bmatrix} \frac{1}{5} & \frac{1}{5} \\ \frac{3}{5} & -\frac{2}{5} \end{bmatrix}$$

である．よって，連立方程式の解は

$$\begin{pmatrix} x \\ y \end{pmatrix} = A^{-1}z = \begin{pmatrix} 1 \\ 2 \end{pmatrix}$$

となる．

6.6 行列 A, 列ベクトル x, z を次のように定義する.

$$A = \begin{bmatrix} 1 & 1 & 1 \\ 1 & -1 & 1 \\ 1 & 1 & -1 \end{bmatrix}, \quad x = \begin{pmatrix} x \\ y \\ z \end{pmatrix}, \quad z = \begin{pmatrix} 6 \\ 2 \\ 0 \end{pmatrix}$$

このとき,問題の連立方程式は

$$Ax = z$$

のように表現される.

6.7 行列 A の逆行列を求めると

$$A^{-1} = \begin{bmatrix} 0 & \frac{1}{2} & \frac{1}{2} \\ \frac{1}{2} & -\frac{1}{2} & 0 \\ \frac{1}{2} & 0 & -\frac{1}{2} \end{bmatrix}$$

である.よって,連立方程式の解は

$$\begin{pmatrix} x \\ y \\ z \end{pmatrix} = A^{-1} z = \begin{pmatrix} 1 \\ 2 \\ 3 \end{pmatrix}$$

である.

6.8 行列 A, 列ベクトル x, z を次のように定義する.

$$A = \begin{bmatrix} 1 & 2 & 1 \\ 2 & 3 & 1 \\ 3 & 1 & 2 \end{bmatrix}, \quad x = \begin{pmatrix} x \\ y \\ z \end{pmatrix}, \quad z = \begin{pmatrix} 5 \\ 8 \\ 9 \end{pmatrix}$$

このとき,問題の連立方程式は

$$Ax = z$$

のように表現される.

6.9 　行列 A の逆行列を求めると

$$A^{-1} = \begin{bmatrix} -\frac{5}{4} & \frac{3}{4} & \frac{1}{4} \\ \frac{1}{4} & \frac{1}{4} & -\frac{1}{4} \\ \frac{7}{4} & -\frac{5}{4} & \frac{1}{4} \end{bmatrix}$$

である．よって，連立方程式の解は

$$\begin{pmatrix} x \\ y \\ z \end{pmatrix} = A^{-1}z = \begin{pmatrix} 2 \\ 1 \\ 1 \end{pmatrix}$$

である．

6.10 　行列 X を

$$X = \begin{bmatrix} 105 & 4 & 4 & 1 \\ 101 & 1 & 6 & 1 \\ 105 & 3 & 4 & 1 \\ 101 & 4 & 5 & 1 \end{bmatrix}$$

のように定義する．このとき，線型モデルは

$$y = Xa$$

のようになる．ただし，$a' = (a_1, a_2, a_3, b)$ であり，ベクトル a の各要素の値は，データ y，X から推定することができる．ベクトル a の推定値を $\hat{a}$ と表すと

$$\hat{y} = X\hat{a}$$

により，毎月の利益を予測することができる．

6.11 　行列 X を

$$X = \begin{bmatrix} 80 & 80 & 80 & 1 \\ 75 & 90 & 70 & 1 \\ 80 & 65 & 85 & 1 \\ 90 & 70 & 70 & 1 \\ 90 & 80 & 65 & 1 \\ 75 & 90 & 80 & 1 \end{bmatrix}$$

のように定義する．このとき，線型モデルは

$$y = Xa$$

のようになる．ただし，$a' = (a_1, a_2, a_3, b)$ であり，ベクトル a の各要素の値は，データ y，X から推定することができる．ベクトル a の推定値を $\hat{a}$ と表すと，これを用いて次年度の応募者の筆記試験，面接1，面接2の点数から，入社後の活躍状況を予測することができる．つまり，次年度の n 人の応募者の筆記試験，面接1，面接2での成績を，行列 X を用いて

$$X = \begin{bmatrix} x_{11} & x_{12} & x_{13} & 1 \\ x_{21} & x_{22} & x_{23} & 1 \\ x_{31} & x_{32} & x_{33} & 1 \\ \cdots & \cdots & \cdots & \cdots \\ x_{n1} & x_{n2} & x_{n3} & 1 \end{bmatrix}$$

のように表現すると，今年のデータに基づいて推定されたパラメータの推定値 $\hat{a}$ を用いて，n 人の応募者の入社後の活躍状況 $\hat{y}' = (\hat{y}_1, \hat{y}_2, \hat{y}_3, \cdots, \hat{y}_n)$ は，線形モデル

$$\hat{y} = X\hat{a}$$

により予測できる．この入社後の活躍状況の予測値が大きい者から順に内定を出せばよい．

第7章 演習問題解答

7.1　(1) 6　　(2) 3　　(3) $\frac{3}{2}$

7.2　(1) 10　(2) $\frac{8}{7}$　(3) $\frac{3}{7}$

7.3　(1) 0　　(2) 0　　(3) 0

7.4　(1) 0　　(2) 0　　(3) 0

7.5　(1) ∞　(2) $-\infty$　(3) $-\infty$

7.6　(1) $\frac{2}{5}$　　　(2) $\frac{3}{4}$

7.7　(1) $\frac{2}{5}$　　　(2) $\frac{3}{4}$

7.8　(1) 0　　　(2) 0

7.9　(1) ∞　　　(2) $-\infty$

第 8 章 演習問題解答

8.1　(1) $y' = 8x^3$　　(2) $y' = 10x^{-3}$　　(3) $y' = 400x^{99}$

8.2　(1) $y' = 8x^3 + 6x + 2$　　(2) $y' = 9 - 2x^{-2} + 10x^{-3}$

8.3

(1) $y' = 8x^3(x^3 + 2x^2 - 5) + (2x^4 + 2)(3x^2 + 4x)$
あるいは
$y' = 2x(7x^5 + 12x^4 - 20x^2 + 3x + 4)$

(2) $y' = (2x - 5)(x^3 - 3x^2 + 5x - 6)$
$\quad\quad + (x^2 - 5x - 6)(3x^2 - 6x + 5)$
あるいは
$y' = x(5x^3 - 32x^2 + 42x - 26)$

8.4

(1) $y' = -2x^{-3}$　あるいは　$y' = -\dfrac{2}{x^3}$

(2) $y' = -\dfrac{3(4x - 5)}{(2x^2 - 5x + 4)^2}$

8.5

(1) $y' = \dfrac{(x^2 + 2x - 1) - (x + 1)(2x + 2)}{(x^2 + 2x - 1)^2}$
あるいは
$y' = -\dfrac{x^2 + 2x + 3}{(x^2 + 2x - 1)^2}$

(2) $y' = \dfrac{3(2x^2 - 5x + 4) - (3x - 5)(4x - 5)}{(2x^2 - 5x + 4)^2}$
あるいは
$y' = -\dfrac{6x^2 - 20x + 13}{(2x^2 - 5x + 4)^2}$

8.6

(1) $y' = -\dfrac{2}{x^2}\left(\dfrac{1}{x}+1\right)$ (2) $y' = 9x^2(x^3-1)^2$

(3) $y' = 390(x-1)(x^2-2x-2)^{38}$

8.7

(1) $y' = 3e^{3x}$ (2) $y' = 4xe^{2x^2+4}$

(3) $y' = -(2x-3)e^{-x^2+3x-1}$

8.8

(1) $y' = x(3x+11)e^{3x+5}$

(2) $y' = -(4x^3+12x^2-18x+3)e^{2x^2+4}$

8.9

(1) 増減表は表 10.1 のとおり（グラフの概形は略）．

(2) 増減表は 10.2 のとおり（グラフの概形は略）．

表 10.1: 増減表

x	$x<1$	$x=1$	$1<x$
y'	$-$	0	$+$
y	↘	最小	↗

表 10.2: 増減表（ただし，$\alpha = \dfrac{-3-\sqrt{21}}{3}, \beta = \dfrac{-3+\sqrt{21}}{3}$．）

x	$x<\alpha$	$x=\alpha$	$\alpha<x<\beta$	$x=\beta$	$\beta<x$
y'	$+$	0	$-$	0	$+$
y	↗	極大	↘	極小	↗

8.10

(1) $\dfrac{\partial y}{\partial x_1} = 2x_1$, $\dfrac{\partial y}{\partial x_2} = 2x_2$

(2) $\dfrac{\partial y}{\partial x_1} = -3e^{-3x_1}+4x_2^2$, $\dfrac{\partial y}{\partial x_2} = 8x_1x_2$

8.11
  (1) $\frac{\partial y}{\partial x_1} = 8x_1 + x_2 - 3$, $\frac{\partial y}{\partial x_2} = x_1 - 14x_2$
  (2) $\frac{\partial y}{\partial x_1} = 4x_1 + 5x_2 - 1$, $\frac{\partial y}{\partial x_2} = 5x_1 + 6x_2 - 4$

8.12
  (1) $\frac{\partial y}{\partial x_1} = e^{x_1+x_2}$, $\frac{\partial y}{\partial x_2} = e^{x_1+x_2}$
  (2) $\frac{\partial y}{\partial x_1} = 2x_1 e^{x_1^2+x_2^2}$, $\frac{\partial y}{\partial x_2} = 2x_2 e^{x_1^2+x_2^2}$

8.13
  (1) $\frac{\partial y}{\partial x_1} = 8x_1 - 3$, $\frac{\partial y}{\partial x_2} = 2x_2$ であることから，これらを 0 と等しいと置いた連立方程式を解くと，$x_1^* = \frac{3}{8}$, $x_2^* = 0$ が得られる．またこのとき，$y^* = -\frac{9}{16}$ を得る．

  (2) $\frac{\partial y}{\partial x_1} = 4x_1 - 1$, $\frac{\partial y}{\partial x_2} = 2x_2 - 4$ であることから，これらを 0 と等しいと置いた連立方程式を解くと，$x_1^* = \frac{1}{4}$, $x_2^* = 2$ が得られる．またこのとき，$y^* = -\frac{33}{8}$ が得られる．

第 9 章 演習問題解答

9.1
$$Q^* = \sqrt{\frac{2 \times 1000 \times 7}{50}} = \sqrt{\frac{1400}{5}} \fallingdotseq 16.7$$
より，16 あるいは 17.

9.2
$$Q^* = \sqrt{\frac{2 \times 5000 \times 7}{50}} = \sqrt{1400} \fallingdotseq 37.4$$
より，37 あるいは 38.

9.3
$$Q^* = \sqrt{\frac{2 \times 1000 \times 7}{20}} = \sqrt{700} \fallingdotseq 26.5$$
より，26 あるいは 27.

9.4
$$Q^* = \sqrt{\frac{2 \times 1000 \times 9}{10}} = \sqrt{1800} \fallingdotseq 42.4$$
より，42 あるいは 43.

9.5 企業1の利益は

$$G_1(p_1, p_2) = (a - p_1 + bp_2)(p_1 - c)$$

である．$G_1(p_1, p_2)$ を p_1 で偏微分すると

$$\frac{\partial G_1(p_1, p_2)}{\partial p_1} = -(p_1 - c) + (a - p_1 + bp_2) = -2p_1 + a + bp_2 + c$$

であるので，これを0と置くと

$$p_1^* = \frac{a + bp_2 + c}{2}$$

が得られる．$p_1 < p_1^*$ のとき $\frac{\partial G_1(p_1,p_2)}{\partial p_1} > 0$ であり，$p_1 > p_1^*$ のとき $\frac{\partial G_1(p_1,p_2)}{\partial p_1} < 0$ であることから，p_1^* が企業1の利益を最大にする価格である．

同様に，企業2の利益は

$$G_2(p_1, p_2) = (a - p_2 + bp_1)(p_2 - c)$$

である．$G_2(p_1, p_2)$ を p_2 で偏微分すると

$$\frac{\partial G_2(p_1, p_2)}{\partial p_2} = -(p_2 - c) + (a - p_2 + bp_1) = -2p_2 + a + bp_1 + c$$

であるので，これを0と置くと

$$p_2^* = \frac{a + bp_1 + c}{2}$$

が得られる．$p_2 < p_2^*$ のとき $\frac{\partial G_2(p_1,p_2)}{\partial p_2} > 0$ であり，$p_2 > p_2^*$ のとき $\frac{\partial G_1(p_1,p_2)}{\partial p_2} < 0$ であることから，p_2^* が企業2の利益を最大にする価格である．

付 録

表 1: 現価係数 $[S \to P]_n^\alpha$

α	0.01	0.02	0.03	0.04	0.05	0.06	0.07	0.08	0.09	0.1
n=1	.990	.980	.971	.962	.952	.943	.935	.926	.917	.909
2	.980	.961	.943	.925	.907	.890	.873	.857	.842	.826
3	.971	.942	.915	.889	.864	.840	.816	.794	.772	.751
4	.961	.924	.888	.855	.823	.792	.763	.735	.708	.683
5	.951	.906	.863	.822	.784	.747	.713	.681	.650	.621
6	.942	.888	.837	.790	.746	.705	.666	.630	.596	.564
7	.933	.871	.813	.760	.711	.665	.623	.583	.547	.513
8	.923	.853	.789	.731	.677	.627	.582	.540	.502	.467
9	.914	.837	.766	.703	.645	.592	.544	.500	.460	.424
10	.905	.820	.744	.676	.614	.558	.508	.463	.422	.386

表 2: 終価係数 $[P \to S]_n^\alpha$

α	0.01	0.02	0.03	0.04	0.05	0.06	0.07	0.08	0.09	0.1
n=1	1.01	1.02	1.03	1.04	1.05	1.06	1.07	1.08	1.09	1.10
2	1.02	1.04	1.06	1.08	1.10	1.12	1.14	1.17	1.19	1.21
3	1.03	1.06	1.09	1.12	1.16	1.19	1.23	1.26	1.30	1.33
4	1.04	1.08	1.13	1.17	1.22	1.26	1.31	1.36	1.41	1.46
5	1.05	1.10	1.16	1.22	1.28	1.34	1.40	1.47	1.54	1.61
6	1.06	1.13	1.19	1.27	1.34	1.42	1.50	1.59	1.68	1.77
7	1.07	1.15	1.23	1.32	1.41	1.50	1.61	1.71	1.83	1.95
8	1.08	1.17	1.27	1.37	1.48	1.59	1.72	1.85	1.99	2.14
9	1.09	1.20	1.30	1.42	1.55	1.69	1.84	2.00	2.17	2.36
10	1.10	1.22	1.34	1.48	1.63	1.79	1.97	2.16	2.37	2.59

表 3: 資本回収係数 $[P \to M]_n^\alpha$

α	0.01	0.02	0.03	0.04	0.05	0.06	0.07	0.08	0.09	0.1
n=1	1.01	1.02	1.03	1.04	1.05	1.06	1.07	1.08	1.09	1.10
2	.580	.515	.523	.530	.538	.545	.553	.561	.568	.576
3	.340	.347	.354	.360	.367	.374	.381	.388	.395	.402
4	.256	.263	.269	.275	.282	.289	.295	.302	.309	.315
5	.206	.212	.218	.225	.231	.237	.244	.250	.257	.264
6	.173	.179	.185	.191	.197	.203	.210	.216	.223	.230
7	.149	.155	.161	.167	.173	.179	.186	.192	.199	.205
8	.131	.137	.142	.149	.155	.161	.167	.174	.181	.187
9	.117	.123	.128	.134	.141	.147	.153	.160	.167	.174
10	.106	.111	.117	.123	.130	.136	.142	.149	.156	.163

表 4: 年金現価係数 $[M \to P]_n^\alpha$

α	0.01	0.02	0.03	0.04	0.05	0.06	0.07	0.08	0.09	0.1
n=1	.990	.980	.971	.962	.952	.943	.935	.926	.917	.909
2	1.97	1.94	1.91	1.89	1.86	1.83	1.81	1.78	1.76	1.74
3	2.94	2.88	2.83	2.78	2.72	2.67	2.62	2.58	2.53	2.49
4	3.90	3.81	3.72	3.63	3.55	3.47	3.39	3.31	3.24	3.17
5	4.85	4.71	4.58	4.45	4.33	4.21	4.10	3.99	3.89	3.79
6	5.80	5.60	5.42	5.24	5.08	4.92	4.77	4.62	4.49	4.36
7	6.73	6.47	6.23	6.00	5.79	5.58	5.39	5.21	5.03	4.87
8	7.65	7.33	7.02	6.73	6.46	6.21	5.97	5.75	5.53	5.33
9	8.57	8.16	7.79	7.44	7.11	6.80	6.52	6.25	6.00	5.76
10	9.47	8.98	8.53	8.11	7.72	7.36	7.02	6.71	6.42	6.14

表 5: 年金終価係数 $[M \to S]_n^\alpha$

α	0.01	0.02	0.03	0.04	0.05	0.06	0.07	0.08	0.09	0.1
n=1	1.00	1.00	1.00	1.00	1.00	1.00	1.00	1.00	1.00	1.00
2	2.01	2.02	2.03	2.04	2.05	2.06	2.07	2.08	2.09	2.10
3	3.03	3.06	3.09	3.12	3.15	3.18	3.21	3.25	3.28	3.31
4	4.06	4.12	4.18	4.25	4.31	4.37	4.44	4.51	4.57	4.64
5	5.10	5.20	5.31	5.42	5.53	5.64	5.75	5.87	5.98	6.11
6	6.15	6.31	6.47	6.63	6.80	6.98	7.15	7.34	7.52	7.72
7	7.21	7.43	7.66	7.90	8.14	8.39	8.65	8.92	9.20	9.49
8	8.29	8.58	8.89	9.21	9.55	9.90	10.3	10.6	11.0	11.4
9	9.37	9.75	10.2	10.6	11.0	11.5	12.0	12.5	13.0	13.6
10	10.5	10.9	11.5	12.0	12.6	13.2	13.8	14.5	15.2	15.9

表 6: 減債基金係数 $[S \to M]_n^\alpha$

α	0.01	0.02	0.03	0.04	0.05	0.06	0.07	0.08	0.09	0.1
n=1	1.00	1.00	1.00	1.00	1.00	1.00	1.00	1.00	1.00	1.00
2	.498	.495	.493	.490	.488	.485	.483	.481	.478	.476
3	.330	.327	.324	.320	.317	.314	.311	.308	.305	.302
4	.246	.243	.239	.235	.232	.229	.225	.222	.219	.215
5	.196	.192	.188	.185	.181	.177	.174	.170	.167	.164
6	.163	.159	.155	.151	.147	.143	.140	.136	.133	.130
7	.139	.135	.131	.127	.123	.119	.116	.112	.109	.105
8	.121	.117	.112	.109	.105	.101	.0975	.0940	.0907	.0874
9	.107	.103	.0984	.0945	.0907	.0870	.0835	.0801	.0768	.0736
10	.0956	.0913	.0872	.0833	.0795	.0759	.0724	.0690	.0658	.0627

参考文献

[1] 石村園子, やさしく学べる 微分積分, 共立出版, 1999.

[2] 石村園子, やさしく学べる 線型代数, 共立出版, 2000.

[3] 石村園子, 基礎教育のための数学入門, 共立出版, 2001.

[4] 伊藤昇ほか, 経済系・工学系のための行列とその応用＜改訂版＞, 紀伊国屋書店, 1992.

[5] 尾崎俊治, 海生直人, 一森哲男, ＯＲによる経営システム科学, 朝倉書店, 1989.

[6] 川田孝行, 商業数学の基礎理論, ミネルヴァ書房, 1995.

[7] 河原靖, オペレーションズ・リサーチ, 共立出版, 1990.

[8] 北原貞輔, 児玉正憲, ＯＲによる在庫管理システム, 九州大学出版, 1987.

[9] 小島敏彦, 生産管理:理論と実践4　原価管理, 日刊工業新聞社, 1994.

[10] 薩摩順吉, 理工系の数学入門コース7　確率・統計, 岩波書店, 1994.

[11] 佐藤正次, 永井治, 新版 基礎課程　線形代数学, 学術図書出版, 1984.

[12] 千住鎮雄, 伏見多美雄, 経済性工学の基礎, 日本能率協会, 1982.

[13] 寺田文行, 新線形代数, サイエンス社, 1994.

[14] 富樫清仁, 企業財務がすらすらわかる入門テキスト, 中経出版, 2003.

- [15] 中川覃夫, 三道弘明, 生産管理:理論と実践１２　オペレーションズ・リサーチ, 日刊工業新聞社, 1995.

- [16] 樋口禎一ほか, まんが The びぶん, せきぶん, 森北出版, 1992.

- [17] 久武雅夫, 新版 経済学研究者のための数学入門, 春秋社, 1974.

- [18] 水野幸男, ＯＲライブラリー９　在庫管理入門, 日科技連, 1985.

- [19] 守谷栄一, 小宮正好, 技術者のための経営科学の知識, 日本理工出版会, 1990.

- [20] 米田薫, 谷口和夫, 木坂正史, じっくり学べる 微分, 積分, 培風館, 2001.

- [21] 和達三樹, 理工系の数学入門コース１：微分積分, 岩波書店, 1994.

- [22] ロバート・ギボンズ, 経済学のためのゲーム理論入門（福岡正夫, 須田伸一訳）, 創文社, 1995.

索 引

鞍点, 167
EOQ, 173
n次元ベクトル, 60
n次元ユークリッド空間, 60
オープンシステム, 113

開放体系, 113
寡占, 176
価値的産業連関表, 113
元金, 25
元利合計, 25
逆行列, 83
逆元, 83
級数, 10, 17
行, 64
行ベクトル, 65
行列, 63, 64
行列の基本操作, 82
極限値, 123
極小, 138
極小値, 143
極大, 138
極大値, 143
極値, 152, 161, 165
クールノー, 175

クローズドシステム, 113
経済的発注量, 173
結合法則, 79
現価, 30
現価係数, 30
現価法, 39
減債基金係数, 34
項, 9
交換法則, 79
公差, 11
公比, 16
コミュニケーション数学, 7

在庫維持管理, 172
在庫維持管理費用, 173, 175, 183
最終需要量, 115
最適発注量, 174, 175, 183
最頻値, 48, 52, 180
サメイション, 18
産業連関表, 113
産出, 113
指数, 14
指数法則, 14
品切れ, 171, 172
資本回収係数, 35

終価, 30
重回帰分析, 109
終価係数, 30
終価法, 40
収束, 123
正味現価, 39
正味終価, 40
正味年価, 41
初項, 9
推定, 110
推定値, 110
数列, 9
数列の和, 10
スカラー, 60
正規分布, 51, 180
正則, 83
正方行列, 66, 103, 112
接線, 139
線型モデル, 106, 110, 112, 120, 121
増減表, 152
添字, 6, 9, 64, 79

対角要素, 66
単位行列, 79
単位元, 80, 83
単利, 25, 26
中央値, 48, 52
直線の傾き, 139
定数 e, 156
転置行列, 67
導関数, 142

等差数列, 11
投入, 112
投入係数, 115
投入産出表, 113
投入産出分析, 112
等比級数, 17
等比数列, 15
等比数列の和, 17
独占市場, 176

2階微分, 153
2階微分可能, 153
年価, 32
年価法, 41
年金現価係数, 35
年金終価係数, 34
年利率, 25

掃き出し法, 83
発散, 127
発注, 171, 172
パラメータ, 3, 106
微分係数, 141
左微分係数, 142
等しい, 68, 69
微分, 142
微分可能, 141, 142, 152, 153
表計算ソフト, 78, 100
標準化, 54
標準正規分布, 54, 180
標準偏差, 50, 51

索引

標本分散, 52
標本平均, 52
封鎖体系, 113
複占, 176
複利, 26, 27
分散, 48, 49
分配法則, 79
平均, 47
べき乗, 14
ベクトル, 60
変曲点, 154
偏差値, 55
変数, 5
偏微分, 159
偏微分可能, 169
偏微分係数, 159

末項, 9
右微分係数, 142
無限大, 2
メジアン, 48, 52
モード, 48, 52, 180

要素, 60, 64

リードタイム, 171, 172
累乗, 14
列, 64
列ベクトル, 65
連続, 133
連立方程式, 81, 82, 103, 104, 112

和の記号, 18, 47, 75

■著者紹介

三道　弘明（さんどう　ひろあき）

1954年 兵庫県神戸市に生まれる．1983年 神戸大学大学院自然科学研究科博士課程（システム科学専攻）修了．金沢工業大学講師（経営工学科），神戸大学工学部助手，助教授（システム工学科：現情報知能工学科），流通科学大学教授（情報学部経営情報学科），神戸学院大学教授（経営学部）を経て，現在大阪大学教授（大学院経済学研究科）．学術博士（神戸大学），博士（工学）（京都大学）．主要著書に，オペレーションズ・リサーチ（共著，日刊工業新聞社），信頼性ハンドブック（分担，日科技連）など．1999年 MCB University Press Award for Excellence受賞．

小出　武（こいで　たけし）

1969年愛知県大府市に生まれる．1994年大阪大学大学院工学研究科博士前期課程（応用物理学専攻）修了後，東レ株式会社に入社．2000年大阪大学大学院工学研究科博士後期課程（応用物理学専攻）修了．流通科学大学講師，准教授（情報学部経営情報学科）を経て，現在甲南大学准教授（知能情報学部）．博士（工学）（大阪大学）．

文系のための
コミュニケーション数学

2006年4月10日	初版第1刷発行
2007年5月11日	初版第2刷発行
2008年9月20日	初版第3刷発行
2010年4月30日	初版第4刷発行

■著　　者────三道弘明／小出　武
■発　行　者────佐藤　守
■発　行　所────株式会社　大学教育出版
　　　　　　　　　〒700-0953　岡山市南区西市855-4
　　　　　　　　　電話 (086)244-1268㈹　FAX (086)246-0294
■印刷製本────モリモト印刷㈱

© Hiroaki Sando and Takeshi Koide 2006, Printed in Japan
検印省略　　落丁・乱丁本はお取り替えいたします．
無断で本書の一部または全部を複写・複製することは禁じられています．

ISBN978-4-88730-681-3